JN065682

農の明日へ

山下惣一
Yamashita Soichi

創森社

老い楽の農〜序に代えて〜

二〇二一年五月の誕生日で私は八五歳になった。いまも百姓の現役である。とはいえ、当然のことながら若いころのようにはいかないので老いに従って経営形態を変えてきた。

経営というよりは「暮らし」「生き方」だから「道楽」と見られるかもしれないし、それは半分は当たっている。八〇歳を過ぎての百姓は「道楽」である。だから楽しいのだ。私の若いころからの理想は――百姓は仕事を労働にするな、道楽とせよ――というものだから、齢(よわい)八〇を過ぎてやっと理想に辿り着いたということだ。

私が目下夢中になっているのは、家の前のビニールハウスの中の一本のシャインマスカットである。私はこのブドウに恋をして惚れ込んで、とうとう家の前に専用のビニールハウスを建てて一本だけ植えた。もう少し若ければ「業」としてやるが、さすがにその元気はない。私の毎日の楽しみは朝起きてこのブドウに会いにいくことである。毎日、一日に三回は会いにいく。二〇二一年は新植三年目で実をつけており、この成長が楽しみなのだ。

さて、このところ農業、農村がやけに静かである。正しく言えばもともと農村そのものは昔から静かな「里の秋」を積み重ねてきたわけだが、長い間農業の外野席がうるさかった。私は六〇年以上を百姓で生きてきたが、その半分ぐらいは世間の「農業批判」「農業叩き」との闘いだった。

――やれ日本の農業は過保護だ、農民は甘えている、補助金ドロボーだ……などなどさんざんに言われてきた。それらの批判、非難がパッタリ途絶えてしまった。これはなぜだろう。あの論客たちはなぜ沈黙しているのか、あるいはどこかへ消えたか？

私が思うには、これは時代の変化だ。このところ世界を席巻しているあの「新型コロナウイルス」なる感染症が無言で教えてくれたことが人々に感染したのだ。

例えばコロナウイルスが四波、五波と押し寄せ、あるいは次々と変質して生き残り、結局医学が制圧できなかったらどうなるのか。世界的には当然次年度の農業生産の減少を懸念して食料輸出国が輸出をセーブして自国民優先の政策に転換する。あるいは野菜類の供給を頼っていた隣国で感染が拡大、再発して輸出がストップしたらどうか。これまでは考えられなかったことが、これからは現実のものとなる可能性があることを新型コロナウイルスのパンデミック（世界大流行）が教えてくれたのである。

各国がそれぞれに食料自給率を高めておく必要性はその備えだろう。その心構え、準備がこの国の政府にも国民にも不足しているのではないか。生涯一百姓として生き、世界の六〇か国ほどの農業、農村を歩き見てきた私のこれが率直な感想である。

しかし、私も老いた。次の時代のことは次の時代の人たちが考え対応していくだろうし、それしかない。だから、年寄りがあれこれいうのはお節介かもしれないが、間もなく消えていく老農にも一言言わせてほしい。それがこの本を出版した唯一の理由である。時代、世代を超えて農の本質、百姓という存在、そして農の明日（あした）への思いを受け継ぎ、つないでいってほしいと願っている。

二〇二一年五月二五日

八五歳の誕生日に　　山下 惣一

農の明日へ——もくじ

2章 小農はなぜ持続可能か 41

3章 農業・農村の変貌から 73

4章 農の伝道者の教えに触れる 109

5章 米国・ロシア農業見聞 135

6章 老い楽の農の身辺 I 165

7章 老い楽の農の身辺 II 201

8章 農の明日に見果てぬ夢 237

●初出メモ●

◆**1章** 「地上」二〇一五年一〜三月号、二〇一六年六月号、二〇一六年九〜一〇月号、二〇一七年七〜八月号

◆**2章** 「地上」二〇一六年七〜八月号、二〇一九年九〜一一月号、二〇二〇年四〜五月号、農業協同組合新聞（二〇二〇年一月一〇日）

◆**3章** 「地上」二〇一五年八〜一一月号、二〇一七年五月号・九月号、二〇一八年四〜七月号

◆**4章** 「地上」二〇一八年八〜一二月号、二〇一九年一〜二月号

◆**5章** 「地上」二〇一四年五〜一二月号

◆**6章** 南日本新聞（二〇一八年一月二九日・四月一六日・五月二一日・六月二五日・九月三日・一〇月八日・一一月五日・一二月一七日）、全国農業新聞（二〇一六年二月一二日、二〇一七年四月一四日・五月一二日、二〇二〇年五月一五日・七月一〇日・一〇月九日）

◆**7章** 「地上」二〇一六年一月号、二〇一九年三月号、二〇二〇年一〇〜一一月号、全国農業新聞（二〇一五年三月一三日・一一月一三日、二〇一六年五月一三日・六月一〇日、二〇一七年九月八日・一〇月一三日、二〇一八年一月一二日・二月九日・三月九日・七月一三日、二〇一九年二月八日・六月一四日）

◆**8章** 「地上」二〇一六年三〜五月号、二〇一七年六月号、二〇二〇年八月号、二〇二一年二〜三月号

＊各章の雑誌、新聞は発刊順に紹介しています。収録にあたり、登場人物の所属先、役職、年齢などはおおむね掲載当時のままとし、題（見出し）や表現を変更したり、部分的に割愛、加筆修正したりしています。

1 章

農に吹く 烈風、涼風

田舎願望の流れを読む

「山下さん。いよいよ地方の時代ですよ。田園回帰の大きなうねりが始まりましたよ」

東京から来た友人が高揚した口調で言う。

「ほう、そうかね。これまでにも何回もそれでダマされたけどな。またまた来るぞ地方の時代かよ。へっ！」

「いや、今回は違います。歴史の必然ですよ」

戦後、半世紀以上にわたって日本じゅうから東京に人が集まった。一極集中である。昭和三〇年代には田舎の子どもたちは「金の卵」ともてはやされて集団就職列車で都会へ大量輸送されていった。『あゝ上野駅』は集団就職の歌である。

「今、上野駅には『あゝ上野駅』の歌碑が建っていますが、これからはそれが逆になる。『あゝ青森駅』の時代ですよ」。オイ、青森県、覚悟はよいか。

こういう人っているんだよね。申し訳ないけど、私は笑ったよ。

「東京のお荷物を田舎に押しつけて、自分たちだけ快適に暮らそうという陰謀じゃないのか」

「あなたどうして素直になれないんですか」

私は素直じゃないよ。どうして素直になれようか。冗談じゃねえ。そりゃ、ま、真面目に田舎のことを心配して、ふるさとを元気にしたい一念で地道に活動している人もいるし団体もある。「ふるさと回帰支援センター」などはその代表格で、友人もその支援メンバーの一人なのである。活動実績は評価してますよ。善意もありがたい。

しかし、どうしても素直に「ありがとう。一緒にやりましょう」という気になれないんだな。この「支援センター」の前身は一九九〇年代後半に連合（日本労働組合総連合会）が打ち出した「一〇〇万人故郷回帰運動」である。その時の経験は、二〇〇四年刊の『ザマミロ！農は永遠なりだ』（家の光協会）に書いている。歴史の証言だ。

大手の自動車メーカーに勤めていた遠縁に当たる一家が帰ってきたのである。もともと田畑がわずかしかない日稼ぎ農家だったから、この層は真っ先に村から出ていった。彼は高卒で就職したのだが、何十年かぶりに親子五人で空家になっていた実家に戻ってきたのだ。

さあ、どうする？　親戚会議だよ。結局、姉の嫁ぎ先のイチゴのハウスを増やして、イチゴ栽培をやることに決まった。ところが翌年には職場に復帰していった。不況時の一時帰休だったようだ。つまりは企業の安全弁である。もう定年は過ぎているはずだが、まだ戻ってこない。ま、そんなわけで、とても素直にはなれないんだよな。

善意の誤解というのも途方にくれる。例えば男女共に長寿日本一になった長野県は高齢者の有業率が日本一高い。なんのことはない。農家のジサマ、バサマが畑仕事をしているということだ。そこから「高齢になっても働いているから、農家のお年寄りは元気だ」という評価が生まれ広がっていく。

本当は、元気な年寄りだけが働いとるんじゃ。

実は私も恥ずかしい思いをしたことがある。『身土不二の探究』（創森社）を書く時に上海で通訳を雇って九江という町に行った。翌朝、通訳と長江の水辺を散策していたら、河畔公園で大勢の人が悠々と太極拳をやっているではないか。私は感動して「これが本当の豊かさというもんだよ」と言ったら通訳はニコリともせずに「みんな失業者です」。道理で時間を気にしないわけだ。顔から火が出そうだった。

田園回帰や演出される田舎ブームにもこれと同じ善意の誤解を私は感じるわけよ。

平成の大合併で村の中心が周辺部となり、役場、農協、郵便局、小・中学校が統廃合され、米価は値下がりし、肥料農薬、資材は高止まりしたままだ。前途にはＴＰＰ（環太平洋連携協定）が立ちはだかっている。

「さて、どうするべきか」と頭を抱えこんでいたら、にわかに「田園回帰」だ、「地方の時代」だ、「地方創生」だと来たもんだ。

いや、潜在的に田舎願望はあったのだと反論されるだろう。二〇〇四年、三大都市圏の五万人を対象とした「ふるさと回帰支援センター」のアンケート調査では四〇・三％が田舎に帰りたいと答え、団塊世代の男性の四二％、五〇歳代の女性の二七％がそれを希望している。

また、新しいところでは二〇一四年九月の政府の「まち・ひと・しごと創生本部」の会合で報告された調査では、「田舎への移住を予定、検討したい」が約四〇％、一〇代、二〇代では約四七％（『朝日新聞』二〇一四年一〇月五日付）という。

だけど、これは私に言わせりゃ「帰りなんいざ、田園まさに荒れなんとす」ではなく、単なる都市脱出願望ではないのか。ま、そんなわけで、私の独断と偏見とすっかり染みついた裏読み根性で、この流れの正体に迫ってみよう。

「農業を成長産業に」への異議申し立て

ベストセラーとなった『里山資本主義』（藻谷浩介、ＮＨＫ広島取材班、角川ｏｎｅテーマ21）に「田園回帰」現象の本質を突いた文章があるので、少し長くなるが引用する。

「もっと稼がなきゃ、もっと高い評価を得なきゃと猛烈に働いている。必然、帰って寝るだけの生活。ご飯を作ったりしている暇などない。だから全部外で買ってくる。洗濯もできず、靴下などはしょっちゅうコンビニエンスストアで新品を買っている。（中略）もらっている給料は高いかもしれない。でも毎日モノを買う支出がボディーブローになり、手元にお金が残らない。だから彼はますますがんばる。がんばったらがんばった分だけ給料は上がるが、その分自分ですることがさらに減り、支出が増えていく」

さて、これとはまったく逆の文章が次に出る。

「『晴耕雨読』でいいではないか。晴れたら畑に出て、雨が降ったら、家でのんびり。年金の仕組みなど存在しない頃に考えられた、老後の理想的な生き方である。ここで注目すべきは『晴耕』である。この老人は、なぜ年金をもらわずに生きられるのか。簡単なことだ。お金のかかる生活をしていないから。自分で食べるものをできるだけ自分でまかなうから、買うものが少ない。現金による支出がほとんどないのだ」

この二つの文章を読みくらべての感想はどうだろう？　そもそも都会の現役のサラリーマンと田舎の老人と比較しても詮ない話だが、ここにも善意の誤解がある。老人は選択しての悠々自適ではなく、仕方なくやっているのである。自分で作るから現金支出が少ないのではなく、現金がないから自分で作っていたのだ。

私たちは若いころ「自給自足は人類の最も貧しい生活形態である」と教育されて、自給を捨て商品作物に特化して「儲かる農業」を目指してきた。結果、冒頭のサラリーマンのような農業になっていないだろうか。

私もやってきたからわかるが、カネを追い求める農業はカネに追いかけられる農業である。そして結局はカネに支配される。すでに世の中全体がそうなっているわけだが、カネが主人で人間はその下僕だ。本末転倒だな。

そういう社会を変えることは不可能だから、そこからの脱出、カネの奴隷の拒否手段としての田園回帰であり田舎暮らしというわけだ。

してみると私なんぞは理想的な老後を送っているということになる。ま、内心そう思っているが、別に人さまに吹聴するほどのことでもない。私たちは仕方なく、当たり前のこととして日々働き、収入が少ないからつましく暮らしているのに、それが今や憧れになるとは。小さな声で言うけど、百姓を続けてきてよかった。やめないよ。

もちろん、これとは逆の流れが世の中の本流である。政府の政策はいまだに経済成長一本槍だ。

「生産性の高い東京に若者を集中させないと日本の経済成長はない」と主張する経済学者がいたり、「百害あって一利ない田舎暮らしの奨励政策をやめて大都市中心への人口と経済活動の集中を妨害さえしなければ、高度成長の再現だって夢ではない」とほえたてる経済評論家がいたり、「農業を成長産業に」と政府は檄を飛ばしたりする。

　このような流れに対しての異議申し立てが「里山資本主義」であり、その限りにおいて私は賛成だし共感するな。昨日より今日、今日より明日と成長するのではなく、昨日のように今日があり、今日のような明日がある。そんな世、そんな人生が私は好きだ。きっと年のせいだろう。若いころはそうではなかったが、もはや末期高齢者だからね。

　経済成長と人々の幸福度が一致するのは国民一人当たりのＧＤＰ（国内総生産）が一万ドルという説がある。現在の日本は四万ドルを超えている。世界に冠たる経済大国なのだそうだ。それでもまだ経済成長が足りない？　どこまで成長すればいいのか、その成長は人々を幸せにするのか。しないよなあ。むしろ不幸にしていく。それは多くの人がわかっている。しかし、カネにしがみついて生きるしかない。さて、ここで日本人の価値観の大転換が起きるのか起きないのか。

　電話による全国世論調査の結果（『朝日新聞』二〇一四年一〇月七日付）ではこうだ。「地方の人口減少について」深刻だと思う八四％、そう思わない一二％、「政府の地方創生への期待」できる三六％、できない四七％。「地方創生で人口減少に歯止めがかかるか」そう思う一八％、そう思わない五八％。

さて、どう思う？　私か？　うーむ。どうだろう。いずれわかることだ。ま、マイペースで生きていくよ。

「地方消滅」と予測されたが……

二〇一四年に話題になった本の一つに『地方消滅』（増田寛也編著、中公新書）がある。これも「田園回帰」「新・地方の時代」と深く関わってくる内容だ。

日本はすでに二〇〇八年から人口減少社会に入っているが、このまま推移すれば全国の八九六の自治体が消滅する可能性があるというショッキングな予測で、とりわけ地方自治体で働く人たちはギョッとしたのではないか。職場を失うわけだからな。

私は当初、政府の「地方創生」に秋波、すなわち色目を使うたぐいの本だと思った。地方消滅と脅かしておけば政府の「地方創生」がよりありがたい施策となるからだ。どうもできレース臭いと思いながら手に取った。

しかし、そうではなかった。人口の再生産の主体である若年女性（二〇歳から三九歳）の動向に着目し、二〇一〇年から四〇年にかけてその減少率が五割以上になる市区町村は将来消滅の可能性があるとする予測であった。

女性が生涯に産む子どもの数の割合を「合計特殊出生率」という。なぜ「特殊」がつくのか私にはわからんが、人口を維持していくためには二・〇七が必要だといわれている。夫婦が二人で二人の子どもを産み育てれば辻褄は合うが、死ぬのがいるから、「二万円借りたから二万円返す」では済まんのだ。〇・〇七は金利だな。

二〇一三年の「合計特殊出生率」は全国平均が一・四三と前年から〇・〇二ポイント上昇。多い順に沖縄県一・九四、宮崎県一・七二、島根県一・六五、熊本県一・六五、長崎県一・六四など、九州・沖縄勢が圧倒している。逆に少ないのは東京都一・一三、京都府一・二六、北海道一・二八などだ。

つまり、地方・田舎に住んでいれば子どもを産んでくれる女性が、子どもの産みにくい東京圏に吸収されているのが人口減少の大きな原因となっているという問題意識である。『里山資本主義』の著者の藻谷浩介さんとの対談の中に次のようなくだりがある。

増田　本来、田舎で子育てすべき人たちを吸い寄せて地方を消滅させるだけでなく、集まった人たちに子どもを産ませず、結果的に国全体の人口をひたすら減少させていく――。私はそれを「人口のブラックホール現象」と名づけました。

藻谷　まさに言い得て妙で、東京は「人間を消費する街」。そこにもっと若者を集めろなどと言うのは、日本国を消滅させる陰謀ですよ。（笑）

この対談を若い女性がどう読むのか私にはわからないが、増田さんの「田舎で子育てすべき人たち」という発言はクレームがつきそうだなあ。「すべき人たち」なのかどうかは知らないが、子育てのために田舎に移り住んでくる若いカップルは増えてきた。アトピー、ぜんそく、アレルギーが多い。

私の次女が東京で二人の娘を育てているが「すぐにインフルエンザをもらってくる」とぼやくので「体の鍛え方が足らん。オレなどいまだかつてインフルにかかったことはないぞ」と言ったら「イノシシとカラスしかいない村だから、そもそもウイルスがいないのよ」と一蹴されたよ。ははは。

人が集中すれば犯罪も病原菌も集中するわけだ。面積で全国の三・六％の東京圏に人口の二五％の三五〇〇万人が住み、上場企業の三分の二、大学生の四割が集中して超過密圏を形成し、全国から若者を吸収しつづけている。過疎は過密と背中合わせの現象である。

地方が疲弊（ひへい）し、若年女性が減少し人口の再生産が不可能となれば、それはいずれ首都圏の消滅にもつながる。

かつて農政の神様といわれた石黒忠篤は「山奥の一軒家を守らなければならない理由」を「一軒家の下に住んでいる人は自分より奥に人が住んでいるからこそ安心して暮らしている。山奥の一軒家が消えれば、それはドミノ倒しとなって下の家、その下の集落、その次の町、そしてついには河口の都市にも及ぶ」と述べている。地方を守ることは中央を守ることであり、周辺こそが中心を支えているのだ。

さて、ではこの本が予測するように、やがて地方は消滅するのだろうか。そんなことはないと私は思うよ。データの基礎となっているのが二〇一〇年の国勢調査だからである。あの「三・一一」は翌年の三月に起きた。それ以前と以後では日本人の価値観に大きな変化が起きている。今年は五年に一度の国勢調査の年である。同時に農林業センサスも行われよう。その結果をベースに未来予測をすれば、かなり違ったものになるのではないか。

定年帰農による集落営農

――後の雁が先になる――という俗言がある。私の在所では「後のカラスが先になる」という。意味は「後の者に追い越される」だ。ところが私たちは、例えば隊列のビリについて歩いていたら状況が変わって、いつの間にか先頭に立っていたというような使い方をする。ま、一周遅れのトップランナーといったところだな。

今、島根県の農業・農村がそんなことになっているようだ。なにしろ過疎・高齢化の日本一の先進地だった。一九六〇年代の高度経済成長期に、ごっそりと人口が流出した。危機感を抱いた人たちが「イナカ再建運動」を始め、その集まりに私もときどき顔を出していたのである。まだ若僧だったから、乗本吉郎、村田廸雄、安達生恒といった大先達から可愛がられ薫陶も受けた。友人、知人も多く特別に親近感を抱いている県なのだ。島根県下の講演では私は必ずこう言った。

「みなさんは過疎、高齢化の先進地の百姓です。あなたたちの後ろ姿が私たちの道しるべです」

三〇年も昔の話である。

データで見てみよう。一九五五年（昭和三〇）、九二万人だった人口は六九万人、（二〇一六年）に。約一〇万戸あった農家戸数は三万四〇〇〇戸に。耕地面積は三・八万haで一戸当たりにすると約一ha。農業就業者の七〇％が六五歳以上。平均年齢は七〇・六歳。平成の初期まで一〇〇〇億円近くあった農業産出額は六〇〇億円ほどに。島根県は県単一ＪＡである。データで見るかぎり、まさに衰退の極み消滅寸前という印象だよな。ところがどっこい。

今、島根県はなにかと賑やかで、農業・農村も元気だ。

久しぶりに二泊三日で山村を回った。もともと山陰のしっとりとした空気と、ゆるやかな悠久の時の流れを感じさせる静寂が私は大好きなのだが、一番感心したのは風景が荒れていないことだった。美しい。家が立派だ。庭木も石垣も手入れが行き届いている。耕作放棄地がない。ワイヤメッシュの柵がない。棚田の畦草がきれいに刈られている。急傾斜のノリ面を刈るのにスパイク付きの地下足袋や長靴を履くという。除草剤は使わない。

いやはや、たまげた。データは事実を示しても真実は語らない。これまでも、これからもこの地で生きていくという決意と自信が風景で表現されている。私はそう思ったな。

「たとえ国が亡びてもオレたちは生き残るんじゃ」。そんな気概さえ感じた。

どうしてこんなことになったのだろうか。そのカギは農業の法人化にあるようだ。私は法人の永続性を疑問視しているが、島根県は集落営農組織や法人の先進地で、県下に集落営農組織が六二一、法人が二〇九、うち特定農業法人が九九（二〇一五年度末）もある。個人で守れないのなら、みんなで守ろうというわけだ。かつての過疎、高齢化の先進地の百姓衆が辿り着いたのはこの道であった。

元祖は、今やすっかり時の人の有名人となった糸賀盛人さん（六九歳）である。彼とは三〇年来の悪縁？で、今回も彼が代表を務める「島根県特定農業法人ネットワーク」の第一六回総会に「ちょっと遊びに来てや」と誘われてのことであった。一〇〇人が出席した総会のあとの交流会は賑やかだった。山荘での焼肉パーティで多くの人たちと飲んだ。発見は法人の代表や世話役のほとんどが厚生年金つきの定年帰農者ということだった。これは強い。だから集落の世話をする余裕があるのだ。そして気がつけば、悪縁の友二人がログハウスでぐたぐた言いながら午前一時まで飲んでいたのだった。

糸賀さんの在所は津和野町の外れの二二戸の山村である。私が知り合ったころの彼は農地取得や請負い耕作で大規模農業を目指していた。ところが田んぼがどんどん集まってくる。「これはまずい」と彼は考えた。

一九八七年（昭和六二）に「農事組合法人おくがの村」を立ち上げた。これが全国初の「集落営農型法人」といわれている。どこが違うのか？

「法人がすべてを経営すれば構成員は農業から離れ、村に住む理由もなくなる。山村ではいずれ法人も立ち行かなくなる」と糸賀さんは言う。だから法人を大きくしない。農業機械を使っての基幹的な作業は法人でやるが、水管理、畦草刈りなどは所有者が行い、その経営権、販売権もそれぞれにある。法人の「おくがの村」の経営農地は六ha。作業受託が五〇haだ。「集落営農型法人は農家を選別する手段ではなく集落農業の安全弁なんだ」

次のステップを睨んで法人の連合組織の結成を進めている。つまり、島根県の特定農業法人は「小農」の連合体なのであった。小農連合に幸あれ！

進歩の代償は破滅!?

突然だが、中島正（なかしまただし）という人を知っているだろうか？

なに！　知らない？　ま、そうだろうなあ。時代、世代が変わったということはある。かつては「自然卵養鶏法」の教祖として一世を風靡した人でもあるのだが、今や鳥インフルエンザで団地の年寄りが趣味で飼うチャボまでが家畜保健所の検査対象にされるご時世だ。なんとも生きにくい世の中になったものだ。

さて、私が尊敬するその中島正さんが二〇一七年の冬二月三日に亡くなった。九六歳だった。前の晩、風呂に入り、翌朝仕事に出かける息子さんを見送っての一時間後に畳の上で静かに息を引き取っていたというから、まさしく自然死、大往生だ。

この人はすごい人間だった。世間では知る人ぞ知る有名な百姓ジサマだったのである。もうこんな人は出てこないだろう。私はせめて中島イズムの一端でも後世に残したいと考え、五年前に中島さんとの往復書簡集『市民皆農』（創森社）を出版した。そんな次第でここでは中島節の一端をお伝えしたい。

中島さんの住所は「岐阜県下呂市」となっているので、あの下呂温泉の近くと思われそうだが、それはとんでもない誤解で、合併前の表記は「益田郡金山町菅田桐洞」というすごい山村だ。この地で中島さんは生涯小農として生き、農民の幸せと独立について深く考察し、世に問うてきた人である。

「他人(ひと)のための食糧は作らない――一人の農民がそう覚悟するとき、みの虫革命の産声が一つ上がる」

『みの虫革命』と題する本で農民に革命を呼びかけ、中島さんはこう書き出すのである。そう、カゲキである。なぜか?

「百姓が古来、朝星夜星、土にまみれ泥田を這(は)い、腰の曲がるほど働いても、なおかつ貧窮に喘(あえ)がねばならなかったのはいったいどういうことであったのか」と問い、こう答えるのだ。

「それは古来百姓が、自分の食い扶持(ぶち)はさておいても、優先的に多くの他人の食い扶持をごっそり提供しなければならなかったからに他(ほか)ならない。それ以外の理由は全く無い」

「もしも農民が、働いても働いても楽にならない生活から逃れようとして、よりいっそう規模を拡大したり、労働を強化したりして、都市と貨幣とに更に依存する、いわゆる前向きの方向での解決を望むなら、これは永久に解決できないということを知らねばならない。それどころかますます自分の首をしめる装置を強化することとなろう」

利潤追求を目的とする農業は、その理想に反してカネに追われ支配され隷属させられて、農民の独立や幸せから遠ざかるばかりだ。その根本原因はカネはいくらでも無制限に貯められ、貯めておくほど価値が増殖していくのに対して、一方の食糧は限度以上の必要はなく、貯めておくほど価値が低下していくからで、食糧がカネを打倒する方法はただ一つ、農民が大量供給をやめて自給自足に踏み切る以外にないと主張するのである（『みの虫革命』）。

どうだろう？　もしそんなことが可能ならとっくにやっている。そうさせないのが世の中の仕組みであり、有無を言わさず従わせるのがマネーの力だ。だけど中島さんのような考え方は私は大好きだな。

中島さんは「貨幣は農民収奪の武器である」と断言し「百姓は命の糧（食べもの）と紙切れ（カネ）との交換をやめるべきだ」とし、実生活でもそれを実践した人である。もちろん完璧にはやれないが、「人々は『金』によって生かされているのではなく、空気や水や太陽や大地や食糧によって（すなわち大自然によって）生かされているのである」と説くわけだ。

私も百姓としていろいろと考えて今日まで生きてきたが、百姓の強さ、豊かさというのは結局カネに依存しない部分を持っているということではないのかと考えるがどうだろう？

そして中島正さんが到達した結論は「都市を滅ぼせ」である。冗談のようだがホントの話だ。今から二三年昔の一九九四年に同名の本が出版され、その書評を依頼されたのが、私が中島さんを知ったきっかけだった。

「都市は諸悪の根源である。都市を滅ぼさなければ人類が滅びる」と説く中島節は冴えわたり、論理明快、理路整然、説得力抜群だった。

この本で大衝撃を受けた人は多いが、あの『北の国から』の脚本家の倉本聰さんもその一人だ。長い間絶版になっていた幻の名著『都市を滅ぼせ』が倉本さんの肝いりで二〇一四年に双葉社から復刊され、序文を倉本さんが書き、「岐阜の老農民の中島翁のこの怒りの書は、将しく衝撃の名著であり、文化勲章ものである」と絶讃されている。

中島正さんは予言している。「進歩の代償は破滅である」。私たちは間もなく世を去るが、後に続く者はどうする？　ＮＯ！と言えるか。

井上ひさしの生活者大学校

山形県南部に川西町という人口約一万五〇〇〇人の農業の町がある。かつては片倉権次郎さんなど米作りの名人を輩出して、全国から視察者が押しかけた水田地帯である。この町に私は九州の唐津から三〇年間通っている。年に一回の山形詣でである。同町出身の故井上ひさしさんが地元の青年たちと始めた「生活者大学校」が三〇回目、町主催の井上さんを偲ぶ「吉里吉里忌」が三回目で、二〇一七年も四月一五、一六日にこの二つが併せて開催されたので、三泊四日で行ってきた。

生活者大学校は三〇回目の節目なので、私はその生い立ちについて講座で簡単なおさらいをした。三〇年といえば、赤ん坊が三〇歳になり、当時五一歳だった私が八一歳のジサマになる歳月だからな。まさに歴史だよ歴史。

平成がすでに二九年。三〇年昔はその前年の昭和六三年、西暦では一九八八年である。この年の八月のお盆の期間、別の言い方をすれば「敗戦記念日」に生活者大学校は始まった。テーマは「農業講座」で、講師は梶井功、室田武、中川聰七郎（農水省）、長沢利雄、境野米子という顔ぶれと私。井上さんが加わって二泊三日の講座だった。

初回ということもあり大変な人気で、定員二〇〇人の会場に入りきれずに立見の人があふれていた。その時、私が何を喋ったのかはまったく覚えていない。瞼（まぶた）に焼きついているのは、大口をあけて大笑いした井上ひさしさんの顔である。参加者は劇団こまつ座の演劇ファンやいわゆる井上ひさしの追っかけの首都圏の中年女性が圧倒的に多かった。この連中が農業にうるさいこと。

「有機栽培で米が作れないか」「無農薬の野菜を作ってほしい」。こんなことばかり言うので、私はアタマにきてこう言ったわけだ。

「好きで農薬を使う人はいない。一番の被害者はオレたち百姓だよ。こっちは命がけで作っているんだから、アンタたちも命がけで食え」

会場の前の方で参加者に混じって聞いていた井上さんが椅子から落ちるほど体をよじって大笑いされた。この人はこういう切り返しギャグが大好きな人で、この一言で私は見初められて教頭を命じられ、以来今日まで山形詣でをすることになったのである。

ところが二〇一〇年四月九日に井上さんは亡くなった。校長が亡くなったので私は教頭をやめさせてもらった。これで講座は終わりだと思ったのである。ところが生活者大学校は井上校長亡き後もなぜか続いているのだ。驚くのは井上さんが亡くなってから初めて参加したという人が毎年三割くらいいることだ。井上ひさしは、人々の心の中に生き続けているのである。

さて、三〇年を振り返って思うことは、未来はその時には見えないが、通り過ぎて過去になるとよく見えるということである。生活者大学校の開講の翌年一九八九年には、あのベルリンの壁が打ち毀（こわ）され、九一年にソ連が崩壊してグローバリゼーションと呼ばれる時代に入ったのである。つまり生活者大学校はグローバリゼーション前夜に産声をあげた。

中曽根康弘政権は八七年まで続いたが、国内では農業バッシングの嵐が吹き荒れていた。原因は日米の貿易摩擦である。

「貿易摩擦の原因は農業にある」という論調がマスメディアを総動員して展開されたのである。まさか忘れてはいないだろう。もっとも若い連中はまだ子どもだったが。

あまりにひどいので、及ばずながら私は『いま、米について。』と題する反論の本を書き、井上さんは『コメの話』という名著を書かれた。

農業叩(たた)きの震源を追っていって、私が辿り着いたのが「前川リポート」だった。正式名称が「国際協調のための経済構造調整研究会報告書」で、座長が前日銀総裁の前川春雄氏だったことから、この報告書を俗に「前川リポート」と呼んだ。

農業については「国民一人当たりのＧＤＰが二万ドルを超えたからといって、日本人の生活に余裕ができないのは食料品の値段が高いためである」と指摘し、基幹的な農産物を除いては輸入の拡大を図り、内外価格差の縮小と農業の合理化、効率化を図るべきだ、としている。

つまり、日本人の食費負担が大きいので、そのぶん長時間働き、過剰に生産し、過剰に輸出して摩擦を引き起こしている。よって元凶は農業である。ま、こういう論調なわけだ。このリポートを根拠にいろいろな人たちが農業叩きに参加したのだった。黒幕が自国政府だと知って私はのけぞったよ。

あれから三〇年。国民一人当たりのＧＤＰは当時の約一・五倍。それで豊かになったか。長時間労働は解消したか。ウサギ小屋からは脱出できたか。どうだろう？

嘘は大がかりであればあるほど本当らしく見える。井上ひさしはその嘘を見破る眼力を、知性を身につけてもらいたくて生活者大学校を始めたのだ。再び「日米経済対話」がスタートした今、私は改めてそう思っている。

大規模稲作を担う自称「小農」

棚田の畦草刈りから汗ぶるぶるで帰ったら奇妙なファックスが届いていた。

農協観光・岩手支店が発信した「第四一回全国稲作経営者現地研究会」（会場、福岡市）の旅程表である。花巻空港から乗り継いで福岡空港へ。そして、同日の宿は私の地元の唐津市の旅館になっている。

岩手県からの参加者向けの案内が間違って届いたらしい。くずかごに捨てようとして、ふっとひらめいた。読み返してみると、はたして欄外に小さく発信元、有馬富博とある。

私は思わず笑った。そして一瞬のうちにすべてを了解した。つまり、旅程表をそのまま私に転送したのである。唐津に宿泊するということは、私を訪ねるというメッセージだ。

夜、電話を入れると本人が出て「電話したけれどもその番号は使われていませんというもので……」。同番号のファックスにしたら入ったので「なんとかなる」と思っていたという。

有馬富博さん（六五歳）は古い友人である。仲間内では「トミヒロ」と呼ばれ、私もそう呼んでいる。自然児で大雑把な人間と思われているようだが、実は繊細で緻密な性格だと私は見ている。「小農」を自称する岩手の百姓である。

かくして妻の友子さんと二人、あわただしい日程の中で海辺のわが村を案内し、飲みながら夜中まで語り合った。彼は現在四四haの大規模稲作を営んでいる。地域での転作率が超過しているため、これまで稲作一本でやってきたし、これからもそれでいくという。ところが平坦地ではないから大変である。地主は七〇人。田んぼ一枚の面積は最大が四五a。最小が三・四a。枚数で二四四枚。これとは別に水稲の作付けができない田んぼの約三haの管理を受けているという。

彼の在所は岩手県和賀郡西和賀町沢内、つまり旧沢内村である。豪雪地帯で積雪二m、四月末まで雪が消えない奥羽山脈のどまん中、かつては「マタギの里」で知られた村である。田んぼ六反歩の農家に生まれ、地域の水田を守る目的で受託をやっていたら、いつの間にか四四haになっていた。息子さんが親元就農し、若干の雇用も入れて経営は盤石かと思っていたら、どうやらそうでもないらしい。「三年先がまったく見えない」と悩んでいた。「法人化したらどうか」と持ちかけたが、まったくその気はなかった。

「全国稲作経営者会議」の会員の中でも法人化への賛否は半々くらいに分かれているそうだ。法人経営はその時々の政策奨励金の高い方向へどんどんシフトしていくように見える。つまり、生殺与奪の権を補助金に握られてしまう。これは怖い。危ない。百姓の本能がそう反応する。ではどうするか。その道筋が見えてこない。悩める六五歳である。

彼と話していると他の人にはない独特の雰囲気があって、それは岩手県の戦後史をどこかで背負っているという印象である。

初めて出会ったのはいつだったか。記憶が定かではないが「西和賀農民大学」に招かれ熊の肉の鍋を囲んで降りしきる雪の中で飲んだ時だとすれば、もう三〇年の昔になる。その後三回招かれた。これとは別に盛岡市を中心に地産地消を推進する「身土不二いわての会」があり、私は毎年顔を出していた。両方の会の中心メンバーの中で若手だったトミヒロが二〇〇九年から同大学の学長を務めているという。

もともとこの大学は「岩手県農村文化懇談会」が主催する「岩手農民大学」の分校のような存在で、本校では岩手大学農学部の名物教授、石川武男先生が長く校長の任にあった。「岩手県農村文化懇談会」は戦後民主化運動に活躍した団体で、会員が手分けして集めた『戦没農民兵士の手紙』（岩波新書）の印税で「農民文化賞」を創設し、不肖この私も一九九九年にその賞をいただいた。『戦没農民兵士の手紙』はベストセラーになったため、批判や反論もあったが、私は何回も涙して読んだ。戦争を知らない現在の国会議員必読の書にしてほしいくらいだ。

歴史は当然、旧沢内村にもある。私たちの年輩では「岩手県沢内村」といえばまず、昭和の名村長と呼ばれ、一九六二年に悲願の乳児死亡率ゼロを達成した深澤晟雄（まさお）村長の「住民の命を守る村政」が鮮烈だ。そして藤原長作さん。小作農の次男に生まれた長作さんは炭焼きで貯めたカネで田んぼを買い求め、豪雪の沢内村で保温折衷の畑苗代を考案し、一九五六年に朝日新聞社主催の「米作日本一」に輝いた人である。中国の黒竜江省に稲作指導に通い、現地では「水稲王」と呼ばれ記念碑も建っているという。

有馬富博にはこのような「沢内魂」とも呼ぶべき歴史の伝承を私は感じる。農に生きる決意。この地で暮らしていく覚悟。歴史を引き継いでいるという自覚。これが小農の条件である。「農」はただの産業ではない。

愛農高校と有機農業

有機農業が私は嫌いである。いや、嫌いだったと過去形にしたい。長い間嫌いだった。そもそも農業は有機だけでも無機だけでもなく、どちらかその一方である必要はない。にもかかわらず有機農業なる言葉の登場によって、あたかもそれ以外の農業が無機農業であるかのような誤解を世間に広め、有機農産物だから安全とする主張は言外にそれ以外は安全ではないと吹聴しているに等しく、ごく普通の農業に対して犯罪的でさえあると私は怒っていたのだ。

しかし、時代は変わり私の認識も変化してきた。今やオーガニックは世界標準であり、有機農業そのものも進化している。先日福岡県の農機メーカーの社長と一緒にやってきた若手百姓の中には完全無農薬で一〇haの稲作をやっているのが二人もいた。株間の除草が可能な機械が開発されたのだ。

アメリカではこの一七年間で有機農産物の販売額が一〇倍以上増え、栽培農家は一二年間で二五倍になっているという（二〇一六年当時）。この変な年間のくくりは「調査開始以来」

で、それまで調査の対象ですらなかったという意味である。

米国農務省が基準を定め、認定マーク付きで販売できるが、遺伝子組み換えの農畜産物は除外されている。つまり、小規模農家が消費者と連携して、お互いの暮らしと健康を支え合う希望の道ということになっているのだ。

ちなみに日本では農業全体に占める有機農業の割合は農家戸数で〇・五％、栽培面積で〇・四％、農産物で〇・三五％程度とされている。

さて、その有機農業を教育の柱としてきた全国で唯一の私立の農業高校がある。そう、知る人ぞ知る「愛農高校」、正式名称は「愛農学園農業高等学校」（三重県伊賀市、一九六四年創立）である。一学年二〇名程度の全寮制の学校で、「聖書と有機農業で人を育てる」を校是としている。農を通じた人間教育、すなわち思想教育である。学校を支えている土台は全国に点在する「公益社団法人全国愛農会」の会員たちだが、この「愛農会」の綱領の第一条は「われらは、農こそ人間生活の根底たることを確信し――」と始まっている。

私の友人の中に数名この高校の出身者がいるが、普通の百姓とはどこか違うのだ。何がどう違うのか、ずっと考えてきて気がついた。彼らには思想がある。人として正しい道を生きているという農の思想である。これが自信となって堂々としている。思えば戦後の農業教育には決定的にこれが欠けていたのである。私は会員ではないが機関誌『愛農』の熱心な読者であり、愛農会の隠れファンなのだ。

その愛農会の七〇周年の記念の大会に呼ばれ二泊三日で全行程にびっちり付き合ってきた。韓国、フィリピンからの参加もあって盛会であった。実は五〇周年にも呼ばれていた。あれから二〇年たっているから、現在の高校生はまだ生まれていない。しかし、ちゃんと学校は続いているのだ。男女の比率は六対四、現在の生徒は非農家出身が過半を占めているそうだ。この国の異常なまでの嫌農、離農の時代によくぞ頑張った、よくぞ続いたと思う。「愛農」の松明を高々と掲げて生きている人たちがいるのである。

目標は「千年続く村づくり」で、それを支える百姓とは、①百姓は自立する、②生命を守り育む、③金に縛られない、④大地の恵みに生きる、⑤世界をつなぐ心となる、としている。

私もいろいろなことを学ばせてもらったが、その中の二つを伝えておこう。一つは有機農業の定義だ。途上国では農機具や肥料、農薬を買うカネがないので仕方なくオーガニック農業をやっている。先進国ではあえてそれらを使わない農業をやろうとしている。まったく土俵が違うために共通のテーマにならないのだそうだ。そこで共通する有機農業の定義を「参加型平和農業」とする。対する近代化農業は当然「排除型反平和農業」ということになる。たしかに、言えてる。

もう一つは、脱サラやＩターンの新規就農は増えているのに、農家の小倅たちはなぜ農に戻ってこないのか。そもそも既存の農家には「楽しく働いて豊かに暮らす」ＤＮＡが欠落しているために、親の背を見て子は逃げる。

京都府舞鶴市にＩターン新規就農して一三年目の添田潤（じゅん）さん（愛農会理事）の文章の一部を紹介するので心して読んでほしい。

「代々続く農家のような経営が理想的だと考えています。土地に根ざしていく農家になりたい。時代が変わっても柔軟に作目を変えながら暮らしを繋いでいける農家になりたい。その地点には新規就農一代目では到達しきれないからこそ僕は次の世代に農業を継いでもらいたいと願うのです」。いいねえ。

2章

小農はなぜ持続可能か

「小農」で楽しく豊かに

私たちは九州で、二〇一五年に「小農学会」なるものを立ち上げた。そう「小農学会」だ。当分この話を軸に私の遺言を綴っていくことにする。

さて、自分の意志とは関係なく農家の長男に生まれた私は総領の宿命で家業の農業を継ぎ、現在八〇歳になるまで百姓として生きてきた。子どものころは、祖父や父のような百姓になることにいささかの疑問も抱かなかった。今考えてみると、これは時代のせいだ。なにしろ食料難の時代で百姓でなければ満足に食えなかったのだ。そして戦後の民法改正で均分相続になるまでは家督は総領が継ぐものと決まっていたから、家族じゅうで長男に対して「総領学」を刷り込んでいたわけだ。私は特に祖父母からこう言われて育った。

「よかか、お前はこの家の総領ぞ。この家のものはみんなお前のものだ。田畑も山も家も床の下の猫の糞までみんなお前のものだ」

私は子ども心に「総領とは大したものだ」と思って育ったよ。あとで知ったのだが、東北地方では「床の下の猫の糞」ではなく「天井のネズミの糞」と言うそうだな。

若い世代はそんなことは言われたことはないだろう。私が推測するに団塊の世代くらいまではこの刷り込みをやられたのではないか。つまり、そのころまで家を守り次代に引き継いでいこうという強い意志が伝承されていたということだろう。

今はどうだろう。私の村の中堅層を見ていると、もうすっかりサジを投げている感じだな。将来の予測がまったくつかない。あとは野となれ山となれの印象だ。しかし、人生はそんなもんじゃあないぞ。現在五〇歳の人は一〇年後には六〇になり六〇の人は確実に七〇になる。生きていれば一〇年後には八〇歳だ。私はついにそこまで来た。

その間私がずっと考えてきたことは、農業はどうあるべきなのか。どうすれば農村が豊かになれるのか。百姓の幸せとは何か？　ということばかりだった。思考錯誤、そして試行錯誤、七転八倒、粒々辛苦、時には血の涙を流し（ウソだ！）自分の頭と体で考えてきた。その土台となっているのは、私にダマされて一八歳で嫁いできた女房に「絶対に後悔はさせない」という決意だった。どういう農業であればそれが可能なのか。辿り着いたのが「小農の道」だったのだ。これが百姓としての私の到達点だ。

しからば「小農」とは何か？　私は経営規模や投資額の大小ではなく目的によって区分すべきだと考える。主に家族の労働を用いて暮らしを目的として営まれているのが「小農」である。どんなに小規模であっても雇用で利潤追求を目指すのは「大農」だ。「小農」は家族農業と同義であり、ま、早い話が昔の百姓だ。その地に根を張り、世代をつないで末代までも続いていく存在だ。私は日本の農家の九九％は「小農」だと考えている。

そこで「小農」イコール「昔の百姓」ならば、「百姓」とは何者かという問題が出てくる。周知のように「百姓」は差別用語に類する言葉として一般には使用しないことになっている。ところが当人たちはみんな普通に「百姓」と自称しているのだ。北海道だけは別で「農家やってる」と言う。「百姓」ではない農業をやるために新天地に渡ってきたからだそうだ。私の村では自分のことを「農民」とか「農業者」だとか、ましてや「担い手」などと自称する者は一人もいない。大も小も強も弱もみんな「百姓」だ。言葉そのものに差別はない。差別を感じる人の心の中に差別があるのだ。では、アンタ何様だ！　と言いたいね。

本来「百姓」は「百」の「姓」で庶民、大衆という意味だ。中国でも韓国でも農業を営んでいる者は「農民」であって「百姓」とは言わない。農家を「百姓」と呼ぶのは日本だけみたいだな。しかし、私が思うには「農民」と「百姓」は微妙に違うのである。

私が定めた「百姓の定義」はこうだ。

（一）自分の食い扶持は自分で賄う。（二）誰にも命令されない。（三）カネと時間に縛られない。（四）他人の労働に寄生しない。（五）自立して生きる。

「自立」というのは「百姓」の場合「誰にも雇われていないと自覚して生きる」ことである。

世の中全体がギャンブル化しており、多くの職業や業種が「水商売」的になっている。「水商売」とは「先の見通しが立ちにくく、世間の人気や嗜好に大きく依存し、収入が不安定な職業、業種」のことで「勝負は水もの」がその語源だ。みんな不安の中で生きている。まさに「百姓」こそはその対極に位置する。おそらくそう遠くない時期に「百姓」が大ブレークする時代が来る。私はそんな予感がしている。ゆえに「百姓よ、元気出せ！」。「小農」で楽しく豊かに生き残ろう。これが学会設立の提案をした私自身の動機である。

農家と企業の違い

「小農学会」を立ち上げる時に一番の問題となったのは「小農」の定義であった。一般に「小農＝小規模・零細農家」と理解されているからである。その境遇から脱け出すためにみんな懸命に努力しているのに、「小農学会とは何事か！」というわけである。大規模農家を攻撃する会だと誤解する人もいた。そんなことはない。

私の定義は「小農＝百姓」だが、これがなかなか理解されない。私に言わせれば、百姓の思考がそこまで外部に毒されてしまっているのだ。自分の頭で考えていない。一例をあげよう。私の弟のチーやんは一二歳で近くの農家に養子に行き、現在も後継者と共にイチゴ栽培で頑張っているが、地元JAの機関紙の「農の鉄人」のコーナーで紹介された時に――手入れに勝る技術なし――の名言を吐いていた。これが百姓の感性である。肥培管理や小手先の技術ではないのだ。「手入れ」なのだ。作物に対する目線の高さ、位置が違う。つまり、これが百姓、小農なのよ。

さて、人として守り行うべき道を「人道」という。武士道、神道、騎士道、陰陽道などいろんな道があり、柔道、剣道、華道なども究極は人の道だ。ましてや自然界が相手の農業にもそれはあるはずだし、なくてはならない。単なるカネ儲けの手段ではないのだ。

ところが、どうも語呂がよくない。この流れでいくと農業の場合は「農道」になってしまう。セイタカアワダチソウに占領されかかっている田舎道みたいではないか。だから農業では「農魂」と言うんだろうなあ。そう、百姓根性、ガッツだ。決定的にこれが欠けている。「小農学会」はその復活、復権を願っているのだ。

「農民の道」という農民の国際組織がある。スペイン語の「ラ・ビア・カンペシーナ」が語源で、通称「ビア・カンペシーナ」と呼ばれている。アジア、アフリカ、ヨーロッパ、南北アメリカなど世界約七〇か国の中小農業者、農業従事者二億五〇〇〇万人が参加する巨大組織で、一九九三年に設立されたのだそうだ。農業のグローバル化の中で、自らの土地で食料を生産する権利「食料主権」という概念を最初に主張して世界の注目を集めた。

私は三年前に訪ねたアフリカ南部のジンバブエで初めてその団体の詳しい話を聞いた。ビア・カンペシーナのアフリカ代表をどこの国から出すかという会議があり、ジンバブエの女性が代表に決まったばかりだというのだ。そして、なんと訪問初日のセレモニーから私たちにつきっきりで説明、案内してくれていた女性がその人だったのだ。笑顔を絶やさないアフリカの肝っ玉母さんという感じの人だった。家では八haの乾燥畑でトウモロコシやアワを育て、牛を放牧し住居のまわりで山羊や羊を飼い、ニワトリが走り回っていた。彼女たちも私たちと同じ小農であった。アフリカの農家の八〇%が二ha未満だそうだ。そもそもモンゴルの草原を佐賀平野の二毛作田と比較しても意味がないように、面積での大小は大した意味はないいな。

私は、海外での農民交流で通訳が画一的に「ファーマー」と紹介するのが気に入らなくて、日本語の「水呑百姓」でやりたいと考え「ウォータードリンク・ファーマー」と何回か自己紹介してみたけど、しかし、こんな和製当て字英語は通じるはずもない。

ま、そのような次第で私は「小農」の定義を経営面積や投資額ではなく「家族の労働を用い、暮らしを目的として営まれている農業」と定めた。これでくると日本の九九%の農家は「小農」になる。結局これが強いんだよ。

ところが、私の友人に十数人の外国人の雇用を入れて「大葉」（シソ）の周年栽培を専業としている男がいる。彼ももともとは百姓であり、今も「百姓」と自称している。父祖伝来の家産を守り村で生きていくために利潤追求をやっているわけで、あくまでも目的は暮らしだから同じ百姓、つまり「小農」だというのだ。たしかに、仮に大葉で儲かったとしても村から動かないことが農家と企業の本質的な違いだろう。問題は永続性ということになる。

若いころ私が大好きだった農業経済学者の守田志郎（一九二四〜一九七七年）はこう書いている。「小農だということは、家族が、これは私たちのやっている農業だ、ということのできる農業生活と生産となので、他人の働きに頼ったり、他人の働きでもうけたりしようとしない農業を言うのである。だから、ヨーロッパなどもたいがいの村では農家の人たちが自分たちの働きで作物を栽培し家畜を飼っているという点では、おおむね同じ小農なのである」（『小農はなぜ強いか』、農文協、一九七五年）。小農で生きるということは、今や時代との闘いである。だよな？

国連「家族農業の一〇年」

国連が「国際家族農業年」と定めたのは二〇一四年であった。その報告書の日本語版『家族農業が世界の未来を拓く』(農文協)を読んで私は驚いた。これまで私が主張してきたようなことが書いてあったからだ。私は若いころから農政批判ばかりする奴だと白眼視されてきた百姓だ。同調者はごく一部で、多くの人たちからは敬遠されてきた。ところが、今や国連がそれを言い始めているではないか。

まるで私の代弁をしてくれているかのような国連報告書を私は丹念に読んだ。そして、その内容のポイントを私の独断で五つにまとめてみた。改めて確認しておこう。

①世界の農業の九割は家族農業である。②世界の飢餓の解消には家族農業への支援しかない。③家族農業は生産性が高い。④各国、各民族の伝承文化の担い手であり、人々の故郷である。⑤農業の専門特化はリスクが高い。

私の考えを少し補足してみる。①国連加盟国は一九三か国だが、報告書発行までに農業センサスが行われたのは一一四か国で、その中の比較可能な八一か国のデータでこの報告書は作成されている。世界の人口の三分の二をカバーしている。だから、ま、これが世界の農業の姿だと判断してよいというわけだ。

世界の耕地は約一五億ha、農家は約五億七〇〇〇万戸で、その九〇%が家族農業だ。その割合は日本が九七・六%、EU(欧州連合)が九六・二%、米国が九八・七%である。一戸当たりの面積は一ha未満が七三％、二ha未満では八五％、五ha未満では九五％になる。つまり、私たちはけっして零細なわけではなく、世界のスタンダードなのだ。ゆえに日本の農業は世界の先行モデルになり得るというのが私の主張だったのだ。その昔、朝鮮、台湾を植民地にしていた時代、植民地から安い米を移入して米価を低く抑えて百姓を困窮に追い込み、その原因を零細な土地所有のせいにして大陸に目を向けさせて戦争に駆りたてたという歴史をけっして忘れてはならない。末代までも語り継がなければならない。小さくていいのだ。いや、小さいからいいのだ。

②世界では今現在も八億人以上の人たちが飢餓の状態にあり、一分間に一七人が飢え死にしているという。最も多いのは「アジア・太平洋地域」だ。原因と理由は国によってさまざまだが、どこかの国で生産が増加すれば解決するという問題ではない。

なぜなら食料は余っているところから不足しているところに行くのではなく、安いところから高いところへしか移動しないからだ。

だから世界には飢えている人たちがいるのに、彼らのもとには行かずに日本のように食料自給率三八％の飽食の国に押し寄せてくるのだ。そして世界の飢餓人口の七割は他ならぬ農民である。だからその人たちを支援しないかぎり世界の飢餓はなくならない。

③は現代農業の盲点である。つまり、工業型の現代農業はエネルギー収支では赤字なので

ある。半世紀以上もそれが続いている。農業機械、化石燃料、肥料農薬等で注ぎ込むエネルギーの方が収穫した農産物から得られるエネルギーよりも多い。これでは未来はない。④はその通りで付け加えることはない。農村が亡びるということは民族がふるさとを失うということである。グローバリゼーションだワンワールドだとか言ってみても、一朝有事の際に日本人が帰ってくるところは日本しかない。先の敗戦では兵隊三〇〇万人を含む七〇〇万～八〇〇万の人たちが母国へ引き揚げてきて、ツテを頼りに農山村に身を寄せて再起を図った。同じことが永久に起こらないという保証はない。

⑤は重要な指摘である。農業は自然界の仕組みを利用した仕事なので単作ということはない。基本は生命の循環である。江戸時代の農業の本「農書」では「まわし」という表現が使われている。「まわし作り」「水まわし」であり、人生も世の中も「まわし」である。「有畜複合経営」が理想で、これなら農業の資源が全部「まわし」で有効活用できる。しかし、これでは規模拡大は難しい。だから単作にして機械化してさらに拡大して農家の倒産のリスクが高まった。これも未来はない。

日本では政府の方針が真逆で、農家戸数が減ることを「構造改革が進んだ」ととんでもないことを言っている段階だが、世界的には大きなうねりが出てきて、これを評価して二〇一七年の国連総会で「家族農業の一〇年」が決議されたという。時代の潮目が変わった。

よくよく見れば、これまで沈黙していた世界じゅうの小農たちが顔を上げ国連を巻きこんでの「小農革命」が始まっているのだ。

「循環」をもとにしたアグロエコロジー

国連は二〇一九年から二八年までの一〇年間を国連「家族農業の一〇年」と定め、二〇一四年の「国際家族農業年」は一〇年間延長されることになった。

この決定には国連機関のみならず国際NGOなど世界じゅうの農民組織や市民団体などの要請や運動が大きく影響したといわれている。つまり権力的な上意下達ではなく現場の草の根の消費者、小農、土地なし農民などの粘り強い運動が国連を動かしたのである。これはすごいことだと私は思う。こんなことができるのだ。時代の潮目が変わってきたような気がする。

FAO（国連食糧農業機関）の本部はイタリアのローマにある。その事務局長は一九四五年の発足以来九人目だ。当初は英、米、米と三代続くが、それ以降はインド、オランダ、レバノン、セネガル、ブラジル。二〇一九年八月一日に就任した新事務局長は、初の中国人である。この人事を見ても、なんだか世界の勢力地図が変わってきているような気がする。これまでほとんど耳にすることのなかった世界じゅうの小規模農家、土地なし農民、少数民族などの声が年々高まってきているようだ。

例えば世界約七〇か国の小規模農民約二億五〇〇〇万人が加入しているという最大の農民組織の「ビア・カンペシーナ」（スペイン語で「農民の道」の意味）が提唱した「食料主権」などは、そのまま国連のスローガンのように世界じゅうに広まっている。

食料主権とは、「自国民のための食料生産を最優先し、食料農業政策を自主的に決める権利」のことだ。二〇〇八年の国連総会で決議されたが、アメリカだけが反対した。市場原理至上主義に反対する小規模農民たちの声が年々高くなり、国際機関を動かすまでになってきているのだ。実はＦＡＯは二〇一三年にビア・カンペシーナとの連携を世界に向けて公表しているのである。その理由は、「工業化された農業に対するオルタナティブ（代替の）と広く認知されている農業や社会のあり方を求める運動や科学の総称である『アグロエコロジー』を世界的に推進するため」と説明されている。

そこで「家族農業」とセットで登場してきたのが「アグロエコロジー」というわけだ。耳慣れない言葉だが、直訳すれば「農業生態学」だろうか。ま、自然生態系に沿った持続可能な有機的農業ということだろう。その担い手は利潤追求目的の企業的農業ではなく家族農業だ。これはよくわかる。カネ儲けだけが目的なら、とうの昔にみんな百姓をやめている。もとよりカネは必要不可欠だが、それは暮らしのために必要なのであって、それを稼ぐことだけが農家・農業の目的ではない。利潤追求目的の農業は採算がとれなければ撤退するしかない。しかし暮らしを目的としている私たちは撤退も廃業もしないで工夫、努力して生きてきたし、今後も生きていくのである。家族農業のなによりの強さはジジ、ババから子どもたちまで家族の総力戦でやっていくということだ。これは強い。

私たちが育った時代はどんな幼い子どもでも年齢と能力に合ったさまざまな仕事を担わされ、いろいろな体験をして人間に育ったのである。「人は人が人として育てなければ人にならない」というのは真理だと思う。

世界の七五％を占める発展途上国と呼ばれる国々では、今も私たちが体験した農村の暮らしが続いているのだろう。私たちは一足先に脱皮して世界で三番目の経済大国の農民ということになっているらしい。それでもまだカネが足りないらしく、「農業を成長産業に」と叫ぶ人たちがいる。

「アグロエコロジー」という言葉は、私たちが工業的農業に変わることによって失ったものの大きさを教えてくれる。それは「循環」である。古い言葉で言えば「まわし」だ。

耕うん機とホリドール（現在は失効農薬）がなかった時代の農業こそは、今にして思えば完璧なアグロエコロジーであった。それを壊すのが私たち当時の農業青年の夢であり希望だったのだ。それが農業の近代化であり、村の暮らしの改善、そして進歩だったのである。

戦後、工業立国を目指した日本は、米国へ輸出する車の運搬船が帰り荷に船倉にいっぱいのトウモロコシを積んで帰った。この飼料によって畜産は農業から飛び出して畜産業という別の業種になった。かつては貴重な肥料だった家畜の糞尿は産業廃棄物となり輸入した原油を使って焼却され、その一方で田んぼの畦草は除草剤で枯らし、稲わらは燃やしている。かくして江戸中期ごろに確立したとされる「まわし」を原理とした日本の伝統農法は壊れたのである。私たちの世代はその実行犯だ。そして今、国連がその「まわし」を「アグロエコロジー」という表現で世界の未来のキーワードとして示しているのだ。

持続可能な農業本来の姿

さて、いよいよ「終活」を始める。

周知のようにこれは「就活」「婚活」などをもじった造語で「やがてくるその時のための準備を」と理解されている。八三歳になる私にとっては「やがて」ではなく、「近く」の至近距離になっている、と思う。しかし、お墓の準備や戒名を考えるなどの具体的な段取りではなく、ま、自分の人生を振り返る程度のことはやってみようと思う。いわば私のエンディングノートだ。

私がその気になったのは、国連の「家族農業の一〇年」で農業のあり方、やり方を「アグロエコロジー」と規定していたことである。直訳すれば「農業生態学」だろうが、その言わんとするところは現代の農業はあまりにも工業化され過ぎているから、これを自然環境に適応した再生産、持続可能な農業本来の姿に戻そうということだろう。これは国連の「持続可能な開発目標」（ＳＤＧｓ）に添ったもので、社会のあり方をも含んでいる。

この「アグロエコロジー」を日本語訳で「百姓農業」としている人たちがいる。これはいい。そんなものは新しい農業でもなんでもなくて、日本では昔から百姓がやっていた農業のことである、というわけだ。対極にあるのが「企業的農業経営」である。両者を区別するためにあえて「百姓農業」としているのだ。私がずっと主張している「暮らしを目的」とした農業、ま、生業だな。誰がなんと言おうとこれが人類の生存の基盤だ。江戸時代中期に完成されたとされるその日本型エコロジー農業は、実は私たちの若いころまでほぼ完璧に伝承、継承されていたのである。

その引き継ぎを拒否してぶっ壊したのは私たちの世代である。なにしろ私たちは、敗戦後アメリカから輸入された、ほれ、あの「4Hクラブ」（ハート・ハンド・ヘッド・ヘルスの頭文字をつけた農村青年の組織）の初期のメンバーだから。スクラップアンドビルド。古い上着よ、さようならだ。

そして今になってつくづく思うのだが、日本のアグロエコロジー、つまり「百姓農業」の物質循環の中心、その要の位置にいたのは「牛」だった。地方によっては馬や和牛のオスも使っただろうが、役牛、農耕用と呼ばれた和牛である。私の住む村ではどの農家にも黒毛和牛のメスが二頭いた。今から考えてみると、この牛たちが果たす役割は非常に大きかったのだ。

まず田畑を耕すトラクターの役、物を運搬する軽トラックの役。しかも燃料は外国から輸入した油ではなく、いくらでも自家再生産可能な稲わらや畦草だ。その上、このトラクター代行は毎年子牛を産む。子どもを産むトラクターは製造可能か？　畜舎の敷料は貴重な有機質肥料であり、くず米、米ぬか、豆殻などは大切な飼料として活用され、米の研ぎ汁まで飲ませたから、当時の農家の暮らしから出るゴミはゼロだった。

――切れたわらじとて粗末にするな。お米育てた親じゃもの――という歌がある。

すべての有機物は牛を経由して土に還元され、次の命の糧となったのである。絵に描いたようなアグロエコロジーではないか。

これをぶっ壊したのが農業の近代化であり、その先兵となったのが私たちの世代である。

ちょうど牛馬耕から耕うん機に変わる時期でもあった。私もオヤジに仕込まれて牛使いの訓練もしたが、牛が私の言うことは聞かないのだ。ホントによく知っていて、オヤジが犂を持つと牛はまっすぐに歩く。こっそり私と交代したとたんに横にそれて畦の草を食いにいくのだ。尻に目がついているのかと思うほどだった。ムチで叩くと犂を引っ張ったまま走り出す。私はキレて牛の顔の方に回り、奴の鼻に噛みついてやったこともあった。

一九五九年（昭和三四）、私が一三歳の秋に耕うん機を買った。村の中では早い方で耕うん機を使っている家はまだ三軒しかなかった。普通型で一四万五〇〇〇円だ。忘れもしない。現金の一括払いで、カネを渡したあと、母が「これでわが家はスッテンテンになった」と言って泣いたのである。米一俵（六〇kg）の政府買い入れ価格が四〇〇〇円ほどで、土木作業の日当が男二八〇円、女二〇〇円の時代である。戦後の食糧難の時代に農家の女たちがヤミ米を売って蓄えたカネが、農業機械代としてそっくりメーカーに渡ったといわれた時代である。しかし、若い私はそんなことは知らないから、牛の手綱から耕うん機のハンドルに握り変えて、農業の近代化に燃えていたのだ。

これが機械化貧乏の始まりであり、家畜のいない農業、無畜農家への道だとは気がつかなかった。そして田んぼの畦草は邪魔物になり、除草剤をかけて枯らしているのだ。「なんというこどだ」と思っているうちに今年もまた夏が終わった。

受け止められたＳＤＧｓ

「ＳＤＧｓ」で日本じゅうが炎上しているかのようだ。「エス・ディ・ジーズ」と読むそうで、意味するところは「持続可能な開発目標」(Sustainable Development Goals) だという。

たしかにこれに反対する理由はない。だけど私たち百姓にしてみれば、こんなことは当たり前のことで、改めて大さわぎするほどのことではないように思われる。農業では今年だけでなく来年も再来年も視野に入れて作付け計画をするのは常識だ。祖父の時代までは女の子が生まれると山に桐の木を植えた。嫁に行く時タンスを作るためだ。知り合いの養鶏農家の鶏舎には「今日の卵より明日のニワトリ」のスローガンが掲げてある。これが百姓の心だ。だから今さら「ＳＤＧｓ」などに驚くことはない。

しかし、世間には非常に新鮮で衝撃的に受け止められたようで、「ＳＤＧｓ」を冠にしたスローガンやフレーズがあふれていて、私も数本「ＳＤＧｓ」礼賛の原稿を書いた。それほど世の中は「持続不可能」な方向へ進んでいるということだろうか。

私たちが生きているこの国はどうだろう。人口は一億人を超え、世界の一〇位レベルの人口大国だ。食料自給率は三七％。一〇人のうち六人は外国の食料で生きている。農村は後継者不足と少子高齢化で、このままなら一〇年後には村の中に相当に空き家が出ると私は見ている。棚田の半分以上は荒れ果てて「持続不可能」な状態だ。しかし、都市が「持続不可能」で先に破綻するなら人々はふるさとの実家へ逃げ帰るしかないから農村は息を吹き返すだろう。二〇二〇年夏開催予定の東京オリンピック・パラリンピックの後が一つのテストケースになるのではないか。

近年は温暖化の影響とかで気象災害が多発しているが、もし二〇二〇年が大凶作だったらどうなるか。食料を輸入する経済力が失われたらどうするのか。不安材料は尽きない。

なにしろ私たちの世代は敗戦後の食料難の時代の惨状を子どもの目で見て育ったから、その記憶が骨身に染みついている。私は若いころ二回ほど家出をしたが、それは、ま、いろいろ事情があってのことで、百姓になってからは自分なりに努力もし頑張ってきたつもりだ。そして間もなく生涯を終える。他の職業を体験したことがないので比較はできないが、結局、終わってみれば百姓暮らしもまんざら悪くはなかった。少なくとも自分の人生を自分で生きてきたという実感はある。そして何よりも八四歳になっても現役でやれる。誰にも指図を受けず文句を言われない。ありがたい。

ま、そのような次第で「ＳＤＧｓ」そのものは百姓農業で生きてきた私にとっては特別なものではないが、これを登場させた背景が心強く、そしてうれしいのだ。

ＦＡＯ（国連食糧農業機関、本部ローマ）によれば、世界の農家戸数は約五億七〇〇〇万戸、耕地面積は約一四億ha。農家全体の七三％が耕地面積一ha未満。二ha以下では八五％になる。これが世界の農業の実態だ。

これら小規模農家が農地、水、化石燃料の二〇〜三〇％を使用して世界の食料の五〇〜七五％を生産している。自給が主体だから「自産自消」で輸送や移動に伴うロスがなく、農畜産物が食料として有効活用されている。一方、先進諸国の工業型農業は農地と化石燃料の八〇％、水の七〇％を使って食料の三〇％しか生産していないと言われる。このような現実が、国連の中小規模家族農業重視の根拠になっているようだ。事実、冷戦構造終結後の三〇年間の規制緩和、関税撤廃などの新自由主義路線は八億人を超える世界の飢餓人口をまったく減らすことができなかったのである。それは当然のことで農畜産物の貿易は余っている国から不足している国へ輸出されるのではなく、値段の安いところから高いところへしか移動しないからだ。だから国内水田の四〇％も減反し、食料自給率が三七％しかない日本みたいな国に集中して食品ロスとして大量に捨てられているのだ。これは再考すべきだ。

このようなメカニズムと矛盾に気がついた、とりわけ南の国々の小農たちが団結して国連に働きかけてきた成果が「ＳＤＧｓ」なのだ。その担い手は家族農業であり、目指すべき農業は「アグロエコロジー」である。これは上意下達ではなく、その逆のボトムアップなのだ。同じ農民としてそれがうれしいではないか。

運動の中心となったとされる「ビア・カンペシーナ」には世界約七〇か国から約二億五〇〇〇万人の中小農民が参加しており、市場原理主義に反対し、自分たちが食べるものを自分たちで作る権利、つまり「食料主権」を主張して国連総会で決議させた団体である。FAOは、このビア・カンペシーナとの連携を表明している。民衆が歴史を動かす時代が来ている。

自然界の循環を活用する仕事

「SDGs」は国連が二〇一五年のサミットで採択した「持続可能な開発目標」で、二〇三〇年までに達成すべき一七の目標を掲げている。内容は「貧困撲滅」「飢餓ゼロ」などの途上国の問題から、「気候変動」「海洋資源」など先進国も含めた主要なテーマまでを網羅している。

日本も二〇一六年に首相を本部長とする推進本部を立ち上げ、①SDGsと連動するイノベーション（技術革新）の推進、②SDGsを原動力とした地方創生、③SDGsの担い手としての次世代、女性のエンパワーメント。これを三本柱として「誰一人取り残さない社会の実現を目指す」としている。いやいや、すばらしいことである。「花見」は忘れても、このことはけっして忘れないでほしい。

ところが年明け早々の二〇二〇年一月二二日付『日本農業新聞』に「SDGs『推進』一割」と報じられた。内閣府の調査によれば、「SDGs」の推進に取り組んでいる自治体は全体の約一三％だったという。内閣府は二〇二四年度までに六〇％まで引き上げることを目指して、これから支援を強化していくそうだ。たしかに突然に「SDGs」と言われても何をどうしていいのかわからないというのが現場の実感、実態だろう。

私たちの農業ではどうだろうか。現代の農業は持続可能な農業と言えるだろうか。一〇〇年後、いや三〇〇年の後までも続いていると自信をもって言えるだろうか。とてものことにそれは言えない。それこそよく言われる「今だけ、カネだけ、自分だけ」の農業になってはいないか。私の七〇年に及ぶ百姓人生からはそうとしか見えないのだ。

例えば農畜産物の輸出である。食料自給率が三七％、人口の六三％が外国からの輸入食料で生きている国の政府が、農畜産物の輸出を推進する。これは「SDGs」に合致しているか。私は違うような気がする。

二〇一三年に「和食」がユネスコの無形文化遺産に登録されてから、世界じゅうで「日本食」がブームになっているのだそうだ。登録された年には海外に約五万五〇〇〇店あった日本食レストランが、二〇一九年には一五万六〇〇〇店に増えているという。内訳はアジアが一〇万一〇〇〇店、北米二万九四〇〇店、欧州が一万二二〇〇店（農林水産省）。

当然海外の日本食レストランから日本の食材の引き合いが強くなってくる。二〇年も昔、私はパリの空港レストランで握り寿司を手でつまんで食べるフランス人の男性を見て、日本食の人気に驚いたことがある。しかし食文化は簡単に変わるものではない。日本人がご飯の粒食から粉食のパンに変わったのは奇蹟だと聞いたことがある。だから日本の食材輸出の顧客の主体は海外展開する和食レストランだろう。

例えば九州の海面養殖は全国の生産量の三〇％を占めているそうだ。政府は二〇一九年に養殖業を成長産業にするための協議会を立ち上げた。目標は輸出である。「和牛」も国際的な人気商品だ。これも輸出に力を入れて農業、農村の経済成長を目指すという。

さて、そこで考えてみよう。

農業は輸出用の和牛に特化し、沿岸漁業は輸出用の養殖魚が中心となる。たしかにこれで経済的には潤うだろう。しかし「ＳＤＧｓ」に照らしてみてどうか。持続性があるだろうか。飼料は輸入して、育てた肉は輸出するわけだから、地元に残るのは糞尿だけである。これを半世紀も続けていけば、野山は牛の糞尿によって地下水まで汚染され、内海は沈殿した魚の糞と餌でヘドロの海と化すだろう。つまり、売っているのは世代を超えて永遠に持続されなければならない環境なのだ。

農業は自然界の循環を活用して人間や家畜の食べものを生産する仕事である。当然その土台を守るための制約がある。それは、①拡大よりも持続、②成長よりも安定、③競争よりも共生。昨日のような今日があり、今日のような明日があることが大事なのだ。

だから農業ではそれぞれが利潤追求で最大化を図っていくと、その結果として全体ではマイナスになることが多いのである。

私たちの世代は江戸時代から三〇〇年も続いた古い時代の農業と、現代につながる新しい農業の両方を体験してきた最後の世代だ。現代の農業に持続性はないと思う。畜産が農業の内部から飛び出して「畜産業」という別の業種になってしまったのが最大の原因だ。昭和四〇年まで私の村では役牛としてトラクターの代わりをした黒毛和牛のメスが各農家に二頭いて、これが物質循環の要の位置を占めていた。稲わら、畦草、植物残渣、米の研ぎ汁まで牛の食料になり、牛の腹を通って肥料になる。あのころの農業が農業の理想だったと、思うのだ。まさに「ＳＤＧｓ」であり、「アグロエコロジー」であった。これを称して「百姓農業」と言う人たちもいる。原点回帰の時代が来ているのではないか？

小農の永続性の根拠

米国の水は残りわずか

有名な話がある。

米国のロッキー山脈の東側の中央高原に広がる広大な畑作地帯は「アメリカのパンかご」と呼ばれる穀倉地帯である。年間降水量が少ないこの半砂漠地帯を緑の沃野に変えたのが「センターピボット」と呼ばれるスプリンクラー式の灌漑施設で、発明されたのが一九五二年。半径四〇〇mの自走式の散水管が灌水しながら回転して一区画五〇haの耕地を潤す。その施設が集中しているのがグレート・プレーンズでネブラスカ、サウスダコタ、コロラドなど八つの州にまたがり、総面積は日本列島の一・二倍もある。

この広大な畑作地帯の大量の灌漑水を供給してきたのが「オガララ帯水層」と呼ばれる世界最大級の地下水である。ところが数億年をかけてたまったその地下水がすでに三分の一にまで減少し、あと八〇年はもたないと米国農務省が警告している。日本が輸入している小麦、トウモロコシ、大豆のほとんどがこの生産に依存している。あと八〇年だ。国連が「ＳＤＧｓ」を呼びかけなければならなくなった典型的な事例だろう。

倒れるまで進むのか

一方、東西冷戦時代のもう一つの覇権国の旧ソ連、その後のロシアの農業はどうか。一度見てみたい。ずっと私はその機会を待っていた。しかし、アメリカと違ってロシアの情報は圧倒的に少なく、ロシア農業の視察の機会もほとんどなかった。もともと日本人はロシアをあまり好きではないらしい。とりわけ太平洋戦争末期に「日ソ中立条約」を破って、まるで火事場泥棒みたいに参戦し、旧満州の日本人を攻撃し樺太を奪ったことが反ロシアの感情を増幅させ、その思いは今も引き継がれているようだ。

しかし、そのロシアにも私たちと同じ農民はいるのだ。彼らは何を考え、どう生きているのだろうか。だが、それを知る機会はない。

しびれを切らした私は二〇一〇年春、初めてロシアの土を踏んだ。観光ツアーに参加してモスクワとサンクトペテルブルグへ行った。見たいのは農業だから観光は上の空だったが、やっぱり行ってはみるもので興味深い光景に出会ったのである。

たまたまサンクトペテルブルグの観光が金曜日だった。午後になると都市から郊外に向かう車ですべての道路が大渋滞で貸切バスが身動きがとれなかった。ガイドの説明では、みんなが週末を過ごすために郊外の「ダーチャ」へ向かっているのだという。

ダーチャは別荘という意味で、ロシアの都市住民のほとんどが郊外に標準サイズで二〇〇坪の家庭菜園付きの家を持っており、週末や休暇をそこで過ごすのだそうだ。

統計によればダーチャは食料生産の重要な位置にありロシアのジャガイモの九〇%、野菜の八〇%を生産している。一九九一年のソ連邦崩壊の大混乱期に一人の餓死者も出さなかったのはこのダーチャのおかげだといわれている。

「青い鳥は」はロシアに

さて——どういう農業が理想的なのか——私は生涯そのことを考えながら百姓として生きてきた。ヒントを得るために外国の農業・農村を歩き、その数は五〇か国を超えた。言ってみれば百姓の「青い鳥」捜しの旅だ。その旅の両極、アメリカとロシアの農業の見聞の一端を紹介させていただいたが、結論を言えば私が求める「青い鳥」はどこにもいなかった。

ただ、ロシアでダーチャを見、その後二〇一〇年にハバロフスクでダーチャ体験をして私は心が非常に軽くなった。全身の力が抜けた。「ああそうか、農業はこれでいいのだ」と悟ったのである。これが原点だ。他人のことはさておき、究極は自分の食を賄えばよい。そこに居直れば百姓ほど自由で素敵な人生はない。私はそう確信した。

大きくならない農業、小さくて楽しい農業、豊かな人生……そして、そのような農家を数多く残すことが消費者の食の安全、安心の支えになり、地域社会を維持し国の安寧にもつながる。日本では戦後の農地改革で田畑が細分化され、小規模零細農家ばかりになってしまったという否定的な意見もあるが、けっしてそうではない。

「日本は経済大国になっても小規模な農家をたくさん残している。これはとても賢い選択だ。長い目で見ればこの方が全体の社会コストは安くつく」

とりわけヨーロッパの農業視察で私はこういう意見を多く耳にした。そして、まさに今、国連の「家族農業の一〇年」をはじめとして、「小農の権利宣言」など「家族農業」「小農」が歴史の舞台の中央に立つ時代が到来した。つまり潮目が変わり始めているのだ。

私たちのこれまでの経験によれば「農業の近代化」を一言で言えば「工業化」のことであった。「単作化——規模拡大——機械化——コスト低減——競争の強化——」の順序で生産が拡大していくが、生産量の増加に伴って価格が下落していくため生産者はゴールなき大競争の泥沼に陥ってしまう。投資や装備が大きくなっているので、もはや路線変更も引き返すこともできない。残った道はただ一つ「倒れるまで進む」である。これが農業近代化の宿命でありゴールである。私は昔からこれを「玉砕農業」と呼んでいる。

この路線の欠点は次の通りだ。
①生産した農産物から得られるエネルギーよりも投入エネルギーの方が多い。エネルギー収支が赤字である。
②資源の枯渇、土地の砂漠化が進む。
③農産物の質の劣化、有害化。
④小農淘汰でコミュニティの崩壊。
⑤モノカルチャー農業で生物多様性の喪失。
⑥富が集中し、少数の裕福層と多数の貧困層に分断される。
だから、農業はなるべく小さい方がよいのだ。日本ではオーガニックの地産地消が理想だ。冬期間も農産物が育つ九州の風土ということもあるのだろうが、私が辿り着いた理想の農業の形は小規模で、一年じゅう仕事が途切れないような、なるべく無収入の期間が少ない農業経営者だ。理想は有畜複合だが、私の住む村は旧村の中心地で人家が密集していて、それがなんであれ家畜を飼える環境ではない。

六〇年前と同じ面積で

わが家は分家で私で六代目だ。本家筋から遠方や急傾斜地の飛び地みたいな劣悪な田や畑を分けてもらって生きてきた貧乏百姓である。私が中学を卒業して就農した時、山の棚田が八反、海辺の傾斜地の畑が五反あった。棚田の中には三反歩で三一枚という能登の千枚田も顔負けの棚田もあった。畑も傾斜地が多く毎年旧暦の八月には雨で流された表土をモッコで運んで畑全体に広げ、これを「八月畑つくり」と言っていた。

現在は耕地整理、整備が済んで田んぼが六反で四枚、ミカン畑が五反で二枚、普通畑が四反で二枚だけを耕作しており、残りの六反の棚田と四反の畑は荒れ果てている。耕作面積は一町五反で、面積では私が就農した六〇余年前と変わらない。増やすつもりはない。これでよい。土地を所有することは農家の場合、その土地に縛りつけられることである。その代わり人が働きかければその土地が家族の食を産み出してくれる。少なくとも息子の代まではこの農業を守って農家として生きていくだろうと思っている。孫の代はわからない。孫の好きなようにすればよい。それが現在の私の心境だ。

農地は家に帰属

農地は家という集団に帰属するもので個人のものではない。先祖からの預かり物であり、未来へ渡す宝だ。私たちは過去から未来へバトンをつなぐリレーランナーである。おそらく形態は違っても大地に生きる者、世界じゅうの家族農業を営む人たちの思想は同じだろう。

そうでなければ永続性はない。

国連の発表によると世界の農家戸数は約五億七〇〇〇万戸、耕地面積は約一四億haだ。規模では全体の七三％が一ha以下、二ha以下では八五％になる。これらの小規模農家が農地、水、化石燃料の二五％を使用して世界の食料の七〇％を産出している。対して先進諸国の工業型農業は農地と化石燃料の八〇％、用水の七〇％を使って食料の三〇％しか生産していないという。これが小規模家族農業重視の根拠となっているようだ。

農業に世界的な地殻変動が起きている。国連の後押しを受けて世界の小農が存在感と発言力を強めている。目指すは「ＳＤＧｓ」に沿ったアグロエコロジーである。このような新しい潮流に日本のＪＡ（農協）はどうコミットできるのかが問われよう。

3 章

農業・農村の変貌から

後継ぎとしての長男への期待

二〇一五年は戦後七〇年の節目の年。ついでに言えば昭和が九〇年、大正が一〇四年になる。戦後生まれが一億人を超え、平成生まれの赤ん坊がもう二六歳になる。有為転変は世の習い、歳月人を待たずだ。

もはや戦争体験どころか戦時下を語れる世代も少数派となってしまった。できることなら農業・農村の戦後七〇年の総括をやりたいところだが、ま、そんな荷の重いことは置いといて、せめて今から七〇年前、つまり「昭和二〇年八月一五日」の私のささやかな体験を語ることにする。

その時私は九歳で小学校（当時は国民学校）の三年生だった。八月一五日は今はお盆行事の最終の先祖送り、精霊流しの日だが、当時は旧暦でやっていたから普通の日だった。

力自慢の父は二度も召集兵で戦争に狩り出され、足の不自由な祖父と母が農業を担い、祖母は和服にタスキをかけて愛国婦人会の活動に情熱を注いでおった。私の下に弟が二人いた。

長男の私は、当然わが家の後継ぎとして期待され、労働力としても当てにされていた。夏休みのノルマは田んぼの除草機押しだ。三年生ともなれば一人前。自分で除草機を担げない子には、年長者や親たちが田んぼまで持っていって押させた。子どもにとっては半分遊び感覚の苛酷な労働のこの「ガンズメ押し」で、農村の子どもたちはみんなたくましく育ったのである。

さて、八月一五日は快晴だった。除草機押しが一区切りついたら、次の役割は牛の「ひっきゃ」である。「引き飼い」が訛ったものだが、これも子どもの重要な仕事だった。田植えのための仕事が終わると役牛たちは失業する。畜舎に入れておくと毎日草を刈ってきて食べさせなければならない。そこで子どもたちが牛を連れ出して外で食べさせる。すなわち外食をさせるわけで、これが「ひっきゃ」だ。

どこの家にも役牛の黒毛和牛のメスが二頭おり、子どもはそれ以上にいたから、夏休みじゅうの野山は牛と子どもたちで賑やかだった。

私は幼稚園児の五歳になる弟と二頭の牛をつれて海辺の原っぱに向かった。海辺の草は塩辛いため、帰りに牛が川の水をたらふく飲んで腹がぱんぱんにふくれる。すると祖父母と母が「よう食わせてきた」と褒めてくれる。ま、つまりはインフレ（水ぶくれ）だな。このコツを私は会得していて海辺の草原を専用としていた。多くは、午前は日陰の道、午後は反対に早く陽が翳（かげ）る場所を選ぶから、連れはいなかった。どっちにしても牛の舌草刈りで食べ尽くしているから草はないのだ。

　牛を原っぱに放して、私と弟は近くの岩に登って海を眺めていた。下の岩場では高等科の漁師の子が六人で、素潜りでアワビやサザエを取っていた。いつもの風景である。

　太陽が四五度の角度に昇ったころ、玄界灘の彼方から飛行機が五機編隊を組んで飛んできた。機影はみるみる近づいてくる。私と弟は麦わら帽子を懸命に振った。ところがこれが敵機で、急降下して機銃掃射を始めたのである。岩に張りついた少年たちの横に一直線に波しぶきが立ち、そのまま私と弟が坐っている岩の私の横のわずか三〇㎝のところを岩を砕いて走り抜けた。私と弟は岩から転げ落ち、弟は頭に大きなコブを作って大声で泣く。「泣くな！」と怒鳴りつけると自分の拳を口に突っ込んで声を殺した。これが私の最初で最後の戦争体験であった。人のこぶしはまさかの時には自分の口に入るのである。これをどうやって抜き出したのかは記憶にない。

　長い間（とても長い時間に感じられた）岩の下に隠れていて、家に戻ったら正午前だった。祖父はまた寝込んでいた。使い過ぎると足が痛んで悪寒がするといっては寝込むのである。「だから、お前が家を代表して行ってこい」と祖母に命じられた。正午から重大な放送があるので集合するように布令が回っていた。

　近くでラジオがあるのは区長さんの家だけだったから、そこへ行くとすでに五〇人くらいの村の人たちが集まって、庭先に佇んでいた。子どもは私一人だった。

ここで聞いたのが例の天皇の終戦の詔書、いわゆる玉音放送である。天皇の肉声のことを「玉音」ということは成人してから知ったが、敗戦前まで日本国民は天皇の肉声を聞いたことはなかったのだそうだ。

ラジオは雑音がひどく、しかもこっちは子どもだから何を言われているのかさっぱりわからなかった。家に戻ると隣家の娘さんと祖母が縁側で抱き合って号泣していた。「日本は戦争に負けた」と目をまっ赤にして泣いていた。私と弟は納屋に並べられたスイカの中で一番うまそうな奴を選んで、二人でたらふく食って、夕方までぐっすり昼寝をした。今でも忘れられない思い出である。

敗戦の瞬間に立ち合う

敗戦のころの話を続ける。

昭和二〇年八月一五日の正午。ラジオで天皇の玉音放送を聞いた時、私は小学校（当時は国民学校）の三年生だった。集まった村人に聞こえるようにボリュームをいっぱいに上げていたので雑音がひどく、そうでなくてもそもそも子どもだから私には何を言われているのかさっぱりわからなかった。

ところが、それからがおおごとだった。村じゅうが山の中へ避難したのである。戦時下では家で暮らしていたのに敗戦になってから避難である。山村ならその必要はないのだろうが、私の住む村は海辺に家が密集していて逃げる場所は山しかなかったのだ。

なぜ逃げたのか。知れたことよ。鬼畜米英と教わってきたその鬼畜がいよいよやってくるからだ。当初はデマだと言われていたが、都会から逃れてきた娘さんが丸刈りで顔に靴墨を塗っていたから、にわかに現実味を帯びてきた。

「赤ん坊は股裂き、女は掌に穴をあけられて数珠つなぎ、生きている者は皆殺されるぞ」と祖母が言った。元寇の時、対馬や博多で元軍が行った残虐非道を祖母は見てきたようにリアルに語ったものだ。

蒙古軍は二回日本に攻めてきたが、一二七四年と一二八一年で、いずれも鎌倉時代のことだ。しかし、六五〇年も昔のことがよみがえるのだ。歴史とはそんなものだ。踏んだ足は忘れても踏まれた足はその痛みを忘れはしない。ま、そんなわけで山の中に小屋を建てて一〇日ばかり隠れていた。あれは楽しかったなあ。

さて、夏休みが終わり、二学期になって登校して仰天した。私が体験した敗戦の中で、この時の衝撃が最も強く印象に残っている。

教室が模様替えされていたのである。正面の黒板の上の乃木希典大将、左右に対になって掲げられていた東郷平八郎、広瀬武夫といった軍神の肖像画が撤去され、代わりに、「明るく」「強く」「たくましく」だったか「明るく」「楽しく」「美しく」だったかそんな手書きのスローガンが掲げられていた。そして教室の廊下とは反対側の窓の上には、モーツアルト、ベートーベン、バッハといった西洋の金髪、白髪の音楽家の肖像画が並んでいた。

つまり世の中がひっくり返ったのである。八月一五日を境に天と地が逆になったのだ。歴史のその瞬間に立ち合い、子どもの目で見て育ったということが私たちの世代的特徴で、私などは国家と世間に対する不信感をどうしても払拭できない人生となったのだ。

それでも私などは小学三年生の幼いガキだったが、年長世代の衝撃はもっと大きかったに違いない。国民学校初等科が六年、その上に高等科が二年あり、高等科の生徒たちは「教育勅語」が必須だったようで、私たちより五歳以上上の人たちは今でもそれを暗唱できるほどだ。出だしを書く。

「朕惟フニ我カ皇祖皇宗国ヲ肇ムルコト宏遠ニ徳ヲ樹ツルコト深厚ナリ……」で始まる全文三一五文字。これが暗唱できないと非国民だった。

天皇は「天子様」、国民はその子孫で「赤子」と位置づけられていた。ゆえに戦死する日本軍兵士は「天皇陛下万歳」を叫んで死んだといわれている。赤子を戦場へ送り出すのが教育の目的だった。

しかし、天と地がひっくり返った。教師、教育界の痛恨の反省から私たちが受けた教育は、ただひたすら「教え子を再び戦場へ送るな」だった。いい時代の教育を受けたと思う。教育とは恐ろしいものだ。色のついていない子どもをどんな色にでも染めてしまう。五年生から男女共学となり、平和と自由と平等の教育環境の中で私たちは育った。

私たちの世代は昭和三〇年代の農村の近代化と青年団活動に情熱を注いだわけだが、そのスローガンは「一人の百歩より十人の十歩、十人の十歩より百人の一歩」だった。これが昔も今も私たちの正義である。

農業・農村はどうだったかといえば、これはもうわが世の春だ。日本の歴史の中で最も光り輝いた一瞬の夏だった。敗戦で外地から引き揚げてきた日本人は軍人が三二〇万人、民間人がほぼ同数で、さらに食料難を逃れて田舎へ疎開した人を含めると戦後の一時期およそ一〇〇〇万人が農山村に寄留したという。エラソーなこと言ったって人は食わねば死ぬのだ。

食を持たない人間の悲しさ、惨めさを私たちは見てきた。みんな忘れてしまったようだが私は忘れない。だから百姓はやめない。自らの食は自ら賄う。これは個人にとっても国家にとっても生存の基本だ。私はそう信じており、この信念は揺るがない。

試される民主主義の実力

戦後七〇年の節目の年となった二〇一五年の夏は、国の来し方、行く末をめぐっての論争が熱く展開され、柄にもなく私も国民の一人としていろいろと考えさせてもらった。もしかしたら、将来「あの夏が歴史の転換点だった」ということになるのかもしれない。

まず、先の大戦をどう見るかという歴史認識の問題がある。シンボルがいわゆる「村山談話」だ。これは戦後五〇年目の一九九五年、時の村山富市首相によって発表された日本政府の公式見解とされている。当時は「自民党、社会党、新党さきがけ」の連立政権だった。

問題とされているのは談話の中の次の文言である。

「わが国は、遠くない過去の一時期、国策を誤り、戦争への道を歩んで国民を存亡の危機に陥れ、植民地支配と侵略によって、多くの国々、とりわけアジア諸国の人々に対して多大の損害と苦痛を与えました。私は、未来に誤ち無からしめんとするが故に、疑うべくもないこの歴史の事実を謙虚に受け止め、ここにあらためて痛切な反省の意を表し、心からのお詫びの気持ちを表明いたします。また、この歴史がもたらした内外すべての犠牲者に深い哀悼の念を捧げます」というくだりである。

私などは当たり前のことを言っているくらいにしか思わなかったが、そんな簡単なものではない。

私が驚きかつ衝撃を受けたのは近所に「村山談話に腹わたが煮えくり返った」と激怒している人がいたことである。現在九三歳になる百姓ジサマだが、二〇歳で国民の義務である徴兵検査に合格し、旧満州の関東軍に入隊し、終戦から四年近くシベリアでの強制労働に従事させられて帰ってきた人だ。

「ではオレたちはなんだったんだ。なんのために戦ったんだ。死んだ者は犬死にではないか」

ジサマは怒りが収まらず村山談話の二年後に『わが青春の苦闘』と題する回顧録を自費出版した。私ももらって持っている。

先日、久しぶりに訪ねていろいろと話すうち私が「では正義の戦争だったのか？」と問うと「戦争には正義もへちまもない。どんなことがあっても絶対にやっちゃあいかん」

また、村の若い世代にはこういう声も多い。

「今の子どもたちから見れば祖父の、そのまた祖父の世代がやったことだ。いつまで謝り続けなければいいけないんだ」

人間がほぼ入れ替わる七〇年とはそういう歳月なんだろうなぁ。

歴史認識論争の中で「右翼」「左翼」という表現がまだ使われているのには驚いた。もはや死語になっていると思っていた。一般の新聞を名指しで「左翼新聞」ときめつける連中の声が高くなってきている感じだ。戦後教育はアメリカが日教組（日本教職員組合）を手先として展開した日本人の洗脳教育なのだそうだ。これには笑ったなぁ。私たちはアメリカに洗脳された第一世代ということになる。だから「左翼」なんだそうだ。へえー知らなかった。

だけど言わせてもらえば、日本人は由緒正しき大和民族の天皇の赤子であり、戦場で「天皇陛下万歳」を叫んで死ぬことが美徳という洗脳よりは、私たちが受けた洗脳ははるかに上等だったと思うぞ。なんたって民主主義の世の中になったのだ。民が主、主権在民なのだ。七〇年間戦争をせず、平和に生きてきた。次の七〇年もその次もそうであってほしい。多くの人がそう願っているはずだ。

ところが雲行きが怪しくなってきた。村山談話を「自虐史観」と批判し「日本は植民地にもいいことをした」とか「従軍慰安婦問題は事実ではない」「南京事件はデッチ上げ」「平和を守ったのは憲法九条ではない」などなど、私たちが理解してきた歴史とは異なる言説が声高になってきている。ま、簡単に言えば、これまで祖父や父たちが引きついできた歴史認識に対して、孫たちが「うんにゃ、それは違う」と言っているようなものだ。

しかし日本は戦争のできる国なのだろうか。食料は外国に依存し、ＴＰＰ（環太平洋連携協定）になれば自給率は二七％に低下するという。資源はなく、原発は五四基もある。自衛隊が海外で戦っている間に原発が狙われたら終わりだろう。

そもそも戦争を仕組み仕掛けるのは誰なのか。戦争をビジネスと考えている勢力である。そのために命を落とすことほど愚かなことはない。これは少なくとも日本では国民の共通認識だろう。

憲法学者のほとんどが違憲とし、国民の大多数が反対している「安全保障関連法案」を安倍政権は強行採決で衆院を通過させてしまった。アメリカの軍事費と兵力の一部を肩代わりしてこれからは同盟国の戦争に参加することになるのか。全国で「違憲訴訟」が相次ぎ、これが政権の命取りになるのではないかとの予想もある。試されるのは戦後七〇年培ってきた民主主義の実力である。主権在民の国であることを実証したいものだね。

踏んだ足と踏まれた足

日本の「戦後」アンケートというのがある。「あなたは、日本の『戦後』はいつまで続くと思いますか」が質問である。

『朝日新聞』（二〇一五年八月一六日付）によると、結果は次のようになっている（イメージしやすいように私が計算してカッコ内に%を入れてみた）。回答総数一三〇九票。（一）「戦後」はまだ当分続く。五八七票（四五%）。（二）「戦後」はすでに終わっている。二六九票（二〇%）。（三）「戦後」というとらえ方が間違っている。二二七票（一七%）。（四）七〇年にあたる今年が大きな節目。一四五票（一一%）。（五）「戦後」はもう少し続く。八一票（六%）。

さて、これをどう読むか。そもそも「戦後」とは何か。その受け止め方が実にさまざまであることが、このアンケートによく表れている。私に言わせりゃ今年が「戦後七〇年」と言っているわけだから、この七〇年が「戦後」だよ。

戦争に負けて長く続いてきた国家体制が崩壊し、戦後民主主義と呼ばれる新しい世の中になった。農地解放も参政権も教育改革も憲法九条もこの国の戦後体制である。「戦前」を引き継いでいないから「戦後」なのだ。私はそう理解している。

ところが、もはや昔話になるが昭和三一年の経済白書は、戦後復興が終了したとして「もはや戦後ではない」と書いて当時流行語になった。この説でいけばとうに「戦後」は終わっていることになるが、それは「経済復興」の話だ。「戦後はすでに終わっている」と回答した人たちは沖縄のことをどう考えているのだろうか。

私は「戦後」は長く続いてほしいと思っている。少なくともその間戦争はないわけだからな。ところが「戦後」という言葉には「敗戦国」のイメージがつきまとう。日本人はいつまでその負の遺産を背負って生きなければならないのか。もういいだろう。戦後生まれが八割を超えてそういう気運が高まってきた。現代の若者や子どもたちにとって先の大戦はもはやセピア色の写真の世界なのだ。これはやむを得ないことだろう。

安倍首相の「戦後七〇年談話」はその気分をよく捉えている。「あの戦争には何ら関わりのない、私たちの子や孫、そしてその先の世代の子どもたちに、謝罪を続ける宿命を背負わせてはなりません」。この言葉は戦後世代、とりわけ子育て中の人たちの胸に深く沁み入ったのではないか。まったくその通りだ、と私も思いたい。

実は五三歳になる長男が以前から同じことを言っていたのだ。親子で酒を飲みながら、この問題についてはは何回となく語り合ってきた。だから私の考えは定まっている。

息子の主張には「加害者」意識がすっぽりと欠落している。もとより日本国民も戦争の被害者である。塗炭の苦しみを味わってきた。そのため同じ被害者の立場で考えているように思うのだ。「加害者」とは言ってみれば「踏んだ足」なのだ。「踏んだ足」が「踏まれた足」に「な、もういいだろう」と言っているようなものだ。「踏んだ足に踏まれた足の痛みはわからないと昔から言うが、「踏まれた足」がにっこり笑って「もういいよ」と言うまで謝り続けるしかない。これが私の答えだ。

「昔から世界じゅうで戦争は繰り返されているが、七〇年も謝っているのは日本だけだ。しかもそれを要求しているのは中国と韓国だけだ」と息子は言う。たしかに旧満州を侵略し、朝鮮を植民地にしたが、日本は植民地でよいこともしていると事例をあげて言うのである。きっとそういう主張が増えてきているのだろう。

韓国では三月一日を「三・一節」として国民祝日に定めている。一九一九年（大正八）全土で展開された日本の植民地からの独立運動の記念日である。農村を歩くと「三・一」と刻んだ自然石の記念碑が今もあちこちに建っている。日本はこの運動を軍隊を出動させて鎮圧し、その際村民三〇人を教会に閉じ込め、射殺して火を放った事件などはつとに有名である。これらの歴史を忘れないために国民祝日として代々語り継いでいるのである。

「な、もういいだろう」というような話ではあるまい。では、どうすればよいのか。信じてもらうしかない。一度失った信頼を取り戻すのは容易なことではない。国家でも個人でもそれは同じことである。で、ここでガタンと話がレベルダウンするわけだが、私は直売所の荷造りで常にそのことを言ってきた。箱詰め、袋詰めの際には優品を上に格上の秀品を下に置く。買ってくれる人を絶対に裏切らない。これが鉄則である。

わが身に置き換えればわかることだ。一度裏切られたら二度と信じないだろう。繰り返すが個人でも国家でもそれは同じことだ。私はそう考える。

「遊んだ記憶がない」人生のスタート

農村の青壮年向けの月刊誌『地上』(家の光協会)が創刊された一九四七年(昭和二二)は戦後日本のスタートの年だったと思う。私は小学五年生の一一歳だ。

「総領が一人前になったから葉タバコの栽培を始める」とオヤジが宣言した。総領とはもちろん私のことだ。小学五年生だぞ。一一歳だぞ。それで一人前だ。以来子ども時代も青春もほとんど遊んだ記憶がない私の人生がスタートすることになる。

教育改革で「六、三、三制」が施行され、「男女共学」になった。まるで江戸時代の話のようだが、それまでは男と女は別々のクラスだったのである。それが共学になった。その歴史的瞬間もよく覚えている。クラスの半分の男子生徒が教室から出て行き、入れ替わりに女子生徒が入り口で一人ひとり会釈をして入ってきたのだ。胸がときめいた。

「新憲法」の施行もこの年である。現在の憲法だ。翌年には祝日法によって五月三日が「憲法記念日」の祝日となったのだ。私が思うには「新憲法」の特徴は国民が国の主人公である主権在民であり、天皇は国家元首から「国民統合の象徴」とされたこと、そして例の九条の戦争の放棄である。ちなみに日の丸を国旗、君が代を国歌と定める条文はない。

日本教職員組合、いわゆる日教組が結成されたのもこの年だ。「教え子を再び戦場へ送るな」「青年よ再び銃を取るな」のスローガンを掲げた労働者としての教師から教育を受けた初期の生徒が私たちだった。

そして、「農地解放」のための政府による農地の買収がこの年から始まっている。北海道四ha、都府県一haを上限として、それ以上の農地、小作地、不在地主の農地などを政府が買い上げ、小作農民に分配したのだ。記録によると二五七万人の地主から一九三万haの農地を買い上げ、四七五万人に売り渡された。全国一律同価格だったそうだ。戦後の混乱期だからインフレが激しく、反当たり八〇〇円は長靴一足の値段と同じだったという。

なにしろ無条件降伏した日本の占領政策を担っているＧＨＱ（連合国軍最高司令官総司令部）の指令だから問答無用だったんだろうな。わが家は農地解放とは無関係だったが、友人の家では父親が日中戦争で戦死し、女手一つでは維持できずに全農地の半分を他人に預けていたら、これが農地解放の対象となり取り上げられた。私の飲み仲間の友は今でもそれを言う。だから地主の怨念は相当なものだったに違いない。しかし、当時農林省で事務方をやっていたという岐阜県出身の所秀雄さんは、「農地解放は日本の宝だ。世界に輸出しなければならない」と生前によく言われていた。

かくして、日本の農業は北海道を含めての平均では一農家当たり一町一反のほぼ同じ面積での「ヨーイ、ドン」のスタートとなったのである。この農地解放を受けて制定されたのが「農地法」（昭和二七年）で、その第一条は「この法律は、農地はその耕作者みずからが所有することを最も適当であると認めて云々」と書き出されている。これを「自作農主義」「耕作者主義」といい、その遵守のために設置されたのが農業委員会である。

このように振り返ってみると、日本の戦後のスタートは、戦争の放棄、民主主義、平等など高い理想を掲げての再出発だったことがわかる。

あれから七〇年が経過した現代の状況と比較してどうか。私は昔の方がはるかによかったと思う。なぜこのようないわば理想主義が実現したかといえば、日本が赤化（社会主義化）する恐れがあったからだといわれている。戦後史によれば占領軍が日教組を使って反日教育を行ったというのも、赤化防止のための赤狩り（レッド・パージ）も事実のようだが、何よりも戦争への反省があったのだ。

太平洋戦争（日中戦争を含む）で亡くなった人の数は日本人の軍人二三〇万人、一般人八〇万人、当時日本の植民地だった朝鮮人の軍人二万二〇〇〇人、同じく台湾の軍人三万人と発表されている。ちなみに中国人は一〇〇〇万人が戦争の犠牲になったという説もある。これが戦争である。

二〇一七年（平成二九）は戦後七二年、昭和九二年。そして、明治新政府樹立から一五〇年、ロシア革命で社会主義国が誕生してから一〇〇年の節目の年に当たるそうだ。「二・二六事件」（昭和一一年）の年に生まれ、九歳（当時は国民学校三年生）で敗戦を迎え、中学卒業後生涯百姓として生きてきた私は今年八一歳になる。

「いつか来た道」は危うい

これまでにも書いてきたが、日本が戦争に負けて無条件降伏した今から七二年前の昭和二〇年（一九四五年）、私は九歳で小学校（当時は国民学校）の三年生だった。

いろいろなことをよく覚えている。不思議なもので今朝食べたものは思い出せないのに、七〇年以上も昔のことを鮮明に記憶しているのだ。それだけ体験が強烈だったということだろう。それはまるで突然天と地がひっくり返ったような世の中の変化だったからである。

今話題の「教育勅語」は私たちは教わっていない。しかし冒頭の「朕惟フニ我カ皇祖皇宗国ヲ肇ムルコト宏遠ニ……」は知っていた。門前の小僧習わぬ経を読むである。もちろん意味はまったくわからなかった。学校では教室の正面に乃木希典大将、両側に東郷平八郎、広瀬武夫など「軍神」の肖像画が掲げられてあり、私たちは毎日対面して尊敬の念を深めていった。軍国少年はこうやって育ったのである。私もあと数年早く生まれていたなら純粋で強健な軍国少年となり、お国のために命を捨てることを名誉と考える愛国者に育っていたに違いない。恐ろしいことだ。

ところが夏休みが終わって二学期が始まり、登校してみたら教室がすっかり模様替えされていた。これまで馴染んできた軍神たちの肖像画が撤去され、教室の側面の天井近くのスペースに金髪、茶髪、白髪のベートーベン、バッハ、モーツアルトといった西欧の音楽家の肖像画がずらりと並んでいたのである。

全校集会の挨拶で校長先生が「我が空は、我が空ならぬ秋の空」といって涙を流したのは覚えている。担任の話は記憶にない。いずれにしても敗戦によって私たちが夏休みの間に世の中がひっくり返ったのである。

「鬼畜米英」から「カムカム、エブリバディ」「ギブミーチョコレート」へである。これが私たちの戦後のスタートだった。子どものころのこのような体験は、その後の人間形成に大きく影響するようだ。私はどうしても、いくつになっても国家や社会への不信感が払拭できない。世の中が信じられないのだ。三つ児の魂百までというやつだろうか。

さて、そんな体験で育った世代の百姓の目には、この国は危うい方向に大急ぎで進んでいるように思われてならない。一言で言えば、それは戦前への回帰と日本礼賛だ。日本はすばらしい国だ。みんな自信を持とう、元気を出そうと言いたいようで、それはそれで大切なことだし、私も賛成だ。しかし果たしてそうか、よくよく考えてみよう。

二〇一八年（平成三〇）は明治維新から一五〇年になる。その半分は七五年だ。戦後は七三年目。つまり、維新で元号が明治に変わってからの一五〇年の半分は私たちが生きてきた戦後で、その間日本は戦争をせず敵を作らず一人も殺していない。徴兵制度もない。

ところが前半の半分は四回も戦争をしているのだ。もちろん時代も国際情勢も違うので単純には比較はできないが、明治二七年（一八九四年）の「日清戦争」に始まって、一〇年後には「日露戦争」。昭和一二年（一九三七年）に「日中戦争」を始め、並行して昭和一六年（一九四一年）の太平洋戦争と、戦争ばかりやっていたのだ。そして悲惨な敗戦を迎えた。その痛切な反省に立って戦後はスタートしたのではなかったのか。日教組の教師から「教え子を再び戦場へ送るな！」の教育で育てられた私などはそう考える。

戦争をやっている国の国民が幸せであるはずがない。とりわけ私たちが体験した太平洋戦争は悲惨だった。松代大本営の戦争遺跡は日本軍の最高統帥機関である大本営の狂気を未来へ伝える貴重な遺産だ。ぜひ一度行ってみるとよい。国民必見の場所だ。

敗色濃厚な昭和一九年（一九四四年）の秋から翌年の夏にかけて、本土決戦に備えて皇居と大本営を移すために長野県埴科郡松代町（現在の長野市）に巨大地下壕が計画され、朝鮮半島から強制連行されてきた六〇〇〇人から七〇〇〇人に日本人が加わって一万人体制での突貫工事が行われたという。この壕で皇室と大本営を守り、国民は最後の一人になるまで徹底抗戦をやる作戦だったといわれている。その時間稼ぎの代償が沖縄の悲劇であり、原爆投下だったとする説もある。

このような国家の狂気に国民は反対ができないのである。なにかといえば「非国民」のレッテルを貼られ「治安維持法」違反で逮捕である。お互いに助け合おうという共助組織の隣組も一面では相互監視の密告社会でもあったのだ。大正一四年（一九二五年）に公布されてから、どんどん強化されていった「治安維持法」によって数十万人が逮捕され、うち七万人が送検されたという。『蟹工船』を書いた小林多喜二は拷問死した。

日本はいい国である。この国を悪くしないためにこそ批判もするのだ。「いつか来た道」に迷い込まないようにしなければならない。

循環型社会は伝統農法によってこそ

私たちの世代の百姓の大きな特徴は江戸時代から続いてきたこの国の伝統的な農業、農法の最後の体験者だということである。周知のように江戸時代は鎖国だから輸入食料はなく、すべてが国産の自給農業である。そのため日本の歴史の中で農業が最も花開いた時代といえるのではないか。

江戸中期以降にたくさんの農業の本「農書」が出版されて、「江戸農書」と呼ばれているが、この本に出ている農業を私たちは一九六〇年代までやっていたのだ。

そのころの農業を具体的に考えてみよう。まず耕地面積は現在とほぼ同じである。村の面積は大きくならないし、戸数に変動がなければそうなる。わが家は田が八反、畑が五反で村の中では中の上といったところだった。それで一家八人も一〇人も生きていたんだからな。私は貧しいと思ったことはなかった。もちろん農業収入だけではなく、オヤジは石工をやったり、酒造場に酒造りに行ったりしていた。つまり百姓暮らしなわけだ。

どこの農家も二頭のメス牛を飼っていた。これがトラクターだ。このトラクターは毎日草を食うので稲わらや畦草は大切な資源で、麦わらは敷料になり、野菜くずや豆殻なども牛の餌で、毎日の米の研ぎ汁も飲ませた。これらが牛の糞尿と混ざり合って良質の厩肥(きゅうひ)となった。各農家に堆肥生産工場があったのだ。だからまったくゴミの出ない暮らしだったのである。

この牛たちは一年に一頭の子牛を生む。トラクターが子どもを生むようなものだ。これは大きな収入になった。このように牛を軸にした資源の循環の中に農家の暮らしがあった。農家の生産や暮らしだけでなく、社会全体が今で言うところの「エコ社会」だったのだ。

――切れた草鞋(わらじ)とて粗末にするな、お米育てた親じゃもの――という古い歌があるが、江戸時代には旅人が捨てる草鞋を茶店が集めて農民に売っていたそうだ。京都では道路のあちこちに桶を置いて、これに通行人の尿を集めて売る商売もあったという。

農業が盛んになれば肥料の需要が高まる。主要な肥料は人間の排泄物だから、うんこやおしっこがカネになったのだ。馬糞やカマドの灰もカネになった。大坂の商家ではトイレの大は家主の所有、小は店子の所有と決められ、大は年に十文、小はモチ米や野菜と交換されたという記録があるそうだ。江戸の大名屋敷ではこれが結構な収入になり、しかも食材が良質なので下肥の品質がよく、競売では常に一般よりも高かったという話を『大名屋敷の謎』という本で昔読んだ記憶がある。そんな時代だから江戸の町全体のうんこ代金は一年間に四万九〇〇〇両にもなったという。庶民の暮らしが年間一両で足りていた時代の話である。

動物は他の命を食べ、植物は死骸を食べて生きて相互に循環しているわけだが、この時代は食が安全で人々の健康を支え、安全な排泄物が田畑に還元されて農業を支えるという循環型社会が完成していた。当時江戸はすでに百万都市だったが、世界で最も清潔で美しい都市といわれていたそうだ。

近代農芸化学の祖といわれるドイツの化学者ユストゥス・フォン・リービヒ（一八〇三〜一八七三）は江戸時代の農業を見聞して絶讃している。ヨーロッパやアメリカの農業が土地収奪型であるのに対し、「日本の農業は農地を貯金の元金とし、それを富ませることによって得られる金利を農産物とし、元金に手をつけることはない」と見たのである。

私たちも「土を作れ」と言われた。その結果として作物は「できる」「とれる」のである。やっぱりこれが農業の王道だよなあ。

このすばらしい農業、農法をぶっ壊したのは私たちの世代である。4Hクラブや青年団で農業の近代化を目指したが、そのスローガンは「できる農業から作る農業へ」だった。今考えてみると、農業の近代化とは工業的生産システム化のことである。しかし、どんなに科学技術が進歩しても精密工業でも工場では米一粒、菜っ葉一枚生産できない。工業でやれるのは製造であって、命の生産は農業でしかできないのである。つまり、農業は農業なのである。

しかし、リービヒが絶讃した当時の農業は戦後の民主教育で育った私たち若者には受け入れがたいものであった。問題は二つあった。第一には伝統農法というものは世襲で徒弟制度の形で伝承されるということだ。つまり先祖代々子は親に鍛えられ仕込まれて一人前になるという世界だ。何をやってもベテランの親には勝てず能なしのように叱られた。初めて耕うん機のハンドルを握った時、私はその世界からの解放感で泣いたぞ。黙っていてもクラッチを入れれば自分で耕起していくんだもの。そしてもう一つ、私にとって最大の壁は肥汲みだった。これは私の人生観を変えた怨み骨髄の話である。

一人前に育ててくれた肥汲み

私の人生観を変え、人間として育ててくれた「肥汲み」の話である。肥桶を担いで百姓をやった体験がある人は現在どれくらい残っているのだろうか。私の記憶ではバキュームカーがわが家に汲み取りに来るようになったのは、一九七〇年ごろだった。数えの一八で嫁いできた女房がわが家で一〇年くらいは肥桶を担いだというから、ほぼ間違いない。ということは、それまでは人糞尿は肥料として使われていたわけだから、たぶん団塊の世代くらいまでは体験したものと思われる。

もっとも現在も使われているところはあるだろうし、私の村でもタマネギを植える時には必ず使っているバアさんがいる。ところが人家に近いため「臭いからやめてくれ」という苦情が絶えず、年々その声が高まってきている。私の集落では一三年前に下水道が完成して、わが家は水洗になっているが、加入は任意だったらしく今も臭気抜きの煙突のある家が見られバキュームカーも活動している。

さて、私は若いころ二度家出をしたが、その原因の一つがこの肥汲みだった。わが家のものを汲むのは、これは、まあ仕方がない。自業自得、自産自消というべきである。ところがわが村の場合はそうではなかったのだ。

玄界灘に面した海辺の村で旧村の中心地だから六〇〇戸もある大集落で、その半分は漁師だから純然たる生産者なのである。代々漁師の家と契約していて、これを「肥取り」と称して親戚付き合いをする間柄で、わが家にはこれが二軒あった。

リアルな描写はやめるが、ま、想像してみてくれ。よくぞ名付けたと感心するが、いわゆる「落下式、ポットン便所」である。二枚の踏み板をどけて肥柄杓という柄の長い柄杓で攪拌して汲むのである。これはぜひ人間たるもの一度は経験すべき修業である。人生観が変わること請け合いだ。この国には肥汲みをやらせたい連中がわんさといるわい。

後日譚だが、この肥汲みが縁で私は生涯の友を得ることになった。本山重信さんである。私より一つ年下だが、町場の近くの彼は映画館のトイレの汲み取りをやっていたというのだ。JA（農協）の理事の時に親しくなり、ある時酒の席でその話題になって、彼の話に私は泣いた。牛車を引いて夜更けに映画館に着き、地下のトイレから汲んで担ぎ上げていると、ナイトショーが終わってドッと観客が出てくる。「その時、同級生に会うのが一番つらかった」

わかるわかる。よくわかる。こんな体験をした人間はけっして上から目線にならない。八〇歳を過ぎた現在も二人でネオン街をさまよう仲になった。
「刎頸の友」ならぬ「糞系の友」である。

私の場合は早朝で仕事が終わるころ登校の生徒が傍を通っていく。漁業集落は道が狭い。私がひそかに恋心を抱いていた同級生が肥桶が八杯目になるころ必ずそこを通って学校へ向かうのだ。これはつらかった。私はその時間帯だけ物陰に隠れてやり過ごすようにしていた。ところが親父はそんなことはわからないから、わざわざ捜しまわって「何やってんだ!」と私をずるずると引き出す。そこを彼女が顔を赤くして通り過ぎていく。わかるかこの気持ち。死にたくなるよな。肥車を引いて家に戻り、食欲のない胃袋にメシを掻き込んで大急ぎで登校するというのが私の中学時代だった。本気で死ぬことを考えた。この問題をクリアしなければ私は生きていけないと思いつめた。毎日考え悩んだ。

ある日、ふっと思ったのだ。人間、偉いとか美人だとか権力者だとか金持ちだとか威張ってみたって、毎日こんな糞たれてるんだ。「なーんだ大したことないじゃないか」と。天啓というべきか。それ以来私は何も怖くなくなった。「糞度胸」とはこのことかと納得したよ。しかし肥汲みがイヤなことには変わりはない。私は百姓だから仕方なく肥汲みをやる。だが自分が好きな女にこんなことはさせられない。

だから結婚する時には一番好きな人をあきらめ、二番目もあきらめ、三番目と結婚した。これは私の生涯でとっておきの話で、あちこちに書きまくった。ところがある時、取材に来た雑誌記者が、お茶を出しに行った女房を呼び止めて、わざわざ「山下さんは奥さんのことをこんなふうに書かれていますが、奥さんはどう思われますか」と訊ねたのだそうだ。私は現場にいなかったから、あとで記者から聞いた話である。

そこでわが女房殿は何と答えたか。「私には四番目だけんよかよか」と呵々大笑したそうだ。三番目と四番目が一緒になって五七年目である。

ま、そのような次第で私たちの時代は、一人前の百姓になるということは並大抵のことではなかった。自己改造して世間とは違う価値観を身につけなければ不可能だったのだ。

今はいかにも軽過ぎる。

「百姓」になるということ

さて、「かくして私は百姓になった」を、述べる。遺言のつもりで記してみる。

これは間違いなく年寄りの冷や水だが、一言言っておきたい。昨日まで都会のビルの一室でパソコンと睨めっこをしていた青年が会社をやめて田舎へ移住し、初めて田畑に立って、「この春から私は百姓になった」などというような吹けば飛ぶよな軽佻浮薄な話ではないのだ。「百姓になる」というのは、そんな簡単なものじゃない。まず初めにそのことを強調しておきたい。

この国では、「百姓」という言葉は一般的には使わないことになっている。前にも触れたが差別用語ではないとはいえ、それに類する言葉とされているからだ。辞書には「百姓」は「農民」「田舎の人の蔑称」とあり、同じ「百姓」でも「ひゃくせい」は「一般の人」「公民」というように出ている。もともとは「百の姓」「庶民」という意味であり、中国や韓国では今も昔も「百姓」は一般の人を指す言葉であって、農民ではない。

日本では江戸時代に村に住むすべての者を「百姓」と呼ぶようになったようだ。佐渡出身の歴史学者で『村からみた日本史』などの著書もある田中圭一さんは、「少くとも佐渡には百姓身分で農業専業の家は一軒もなかった」という。「食料は自給していても、家族はそれぞれもうけになる仕事を選んでいるのである。そういう意味ではみんな二足のわらじをはいていた。そのような村人を百姓とよぶのである」(『百姓の江戸時代』)と書いておられる。

つまり、暮らしの手段として農業をやっているわけであり、農業をやるために生きているのではない。当たり前のことだ。田中さんによると経済的に豊かだったのは「水呑百姓」身分の人たちだったそうだ。食料は自給して佐渡の金山や北前船関連の商売で稼いだ。これが由緒正しき百姓なのだ。

だから百姓という言葉そのものに差別はなく、私も含めて当人たちは自分のことを「百姓」と自称している。差別を感じる人の心の中に差別があるということだ。

ただ、北海道の人たちは「百姓」は使わない。「農家」という。「農家やってる」というから「農家ってやるもんかよ」と私はイヤ味を言うが、「百姓」になるために海を渡ったのではなく、新しい農業と理想を求めて新天地へ行ったのだから、土着の私たちとは違うのだ。たしかに北海道の農家のみなさんには、私たちのような泥臭さや目線の低さはないような気がする。しかし、私が北海道の認定農業者の大会で「小農論」をぶったところ、「規模が違うだけで気持ちはまったく同じだ」という反応だった。そりゃあそうだ。私たちと比べるから大規模だが、もっと大規模と比べれば小規模で、これはただ単に相対比較の問題というだけの話だ。

ところで、「百姓」を差別的だとする世間の風潮に抗って、あえて「百姓」と名乗る「百姓」はいっぱいいる。それでは飽き足らずに「百商」「百勝」「百笑」という肩書きの名刺をくれた若い「百姓」たちもいる。この反骨精神は「百姓」としての重要な要素の一つである。「百姓」が目先の損得勘定だけでやっているのなら、とっくの昔にみんなやめてしまっているわい。

ともかく自然界が相手だから、それこそ、「この秋は雨か嵐か知らねども今日のつとめの田草取るなり」と先人が詠んでいるように、種をまき、苗を植える。が、実際に収穫してみなければいくら穫れるかわからないのだ。そして、売ってみなければそれがいくらになるかもわからない。

日本だけでなく世界の農業が小規模な家族農業主体であるのは産業化がきわめて困難な業種だからだ。その世界で生きていくのが私たち「百姓」なのだ。

「農民」は駄目だ。「百姓」が「農民」に成り下がってはいけない。

外国での交流会では必ず「ファーマー」と紹介される。日本の「百姓」は単なる「ファーマー」ではないので、なんとかそれが伝えられないかとずっと考えていた。前にも述べたが、ある時通訳を制しての自己紹介で「ウォーターードリンク・ファーマー」とやってみたのだ。さっぱり通じなかった。当然ながら誰も笑わない。それっきり外国では単なる「ファーマー」だ。

私が考えるには「百姓」の目的は暮らしであって金儲けではない。早い話が無人島に一人で流れ着いても生きていける。それが「百姓」である。

これまでにも書いてきたが、私の「百姓」の定義は、①自分の食い扶持は自分で賄う、②誰にも命令されない、③カネと時間に縛られない、④他人の労働に寄生しない、⑤自立して生きる、である。よく考えてみろ。こういう人生はいいよな。私もまだ道半ばだ。「百姓」になることが簡単であろうはずがないではないか。

小がいなければ大が守れない

――かくして私は百姓になった――という自分史を始めたわけだが、ここで本来はもっとあとで書くべきことを繰り上げて今回やってみたい。

理由はこうだ。私は「百姓」だの「小農」だのと小さな農家のことばかり書いて、それだけを大切にしろと主張しているように思われているらしい。私もそのつもりだから、それはかまわない。ただ、それが言外に規模拡大を否定し大規模化を目指す人たちを批判、非難していると誤解されている向きがある。

事実、私たちが九州で「小農学会」を立ち上げた時には「初めから農業は儲からないという人たちがいる。これは絶望的だ。そんな儲からない農業をなぜやるのか」と批判した人たちがいた。「農業を成長産業に！」とはしゃいでいる人たちである。名指しこそしていないが、私の発言を指している。批判するなら正しく理解した上でやってもらいたいものだ。私は「農業は儲からない。だから損しない。ゆえにつぶれない」と言っているのだ。農業が儲からなければ続かないというのなら、今日まで農業が続いてきたのは常に儲かったからだという事実を歴史的に証明してもらいたい。百姓一揆や口減らしはなぜ起きたのか。今でも農業・農村を語る時、枕言葉に必ず「貧しい」という形容詞をつけるのはなぜなのか。

私が考えるには「儲け」とは不労所得のことである。農業にそれはない。私たちが農畜産物と引き換えに得ているのは対価であって、けっして「儲け」ではないのだ。サラリーマンが給料を「儲け」と言わないのと同じである。「儲け」を目的としていないからこそ農業は儲からなくても持続していくのだ。

さて、本題に入る。

ここは、ぜひよくよく考えてほしいところである。結論から先に言えば「百姓」「小農」といった小さな農業を守ることが結局は大きな農業を守ることになるのだ。小を守らなければ大は守れないのである。

わかりやすい例を引こう。民主党政権時代に「戸別所得補償」という政策があった。「すべての担い手を支援する」として小規模農家でも稲作の赤字分をカバーできるように自家保有米用の一反歩を差し引いて残りの面積に同額で交付した。当初は反当たり一万五〇〇〇円。ヨーロッパではこれが農政の基本だから私は大賛成だった。自民党は「バラマキ」だと批判していたから、自公政権に替わると半額になり、昨年（二〇一七年）で廃止された。

わが家の耕作水田は六反歩で、周辺はみんなこの程度の規模である。わが家の対象面積は五反歩で交付金は七万五〇〇〇円。ため池の修理費や水利費が払えると村の連中は大喜びしたものだ。

しかし、一〇町歩の人は一五〇万円、三〇町歩なら四五〇万円。北陸の大規模経営では一億円を交付され、「こんなカネはいらない。もっと有効に使ってください」と役所に返納に来たというウソかホントかわからないような話まであった。小を基準にしたからこそ、大を助けることになった典型的な例である。バラマキは小ではなく大を助けるのだ。

大規模経営の人は規模が大きいから収入も大きいと考えているだろうが、そんなことはない。支えているのは、それ以下の多数の小規模農家の存在なのだ。大きいから強いということではない。そもそも「大」と「小」は相対比較の問題であって、「小」がいなければ「大」の存在もないのだ。現在の「小」が消滅すれば、現時点では「大」の下層が新たな「小」となり、その水位はどんどん上昇してくる。つまり、農業つぶしの最前線、波打ち際で踏ん張っているのが百姓であり小農なわけだ。だからここを守ることが農業全体を守ることなのであって、規模拡大で自分だけを守ろうとしてもけっして守れない。

今年（二〇一六年）から国による米の減反政策が廃止になる。構造改革推進派の連中は、これで米の生産量が増えて米価が下落して「作るより買った方がマシ」という状況が生まれて、構造改革が加速度的に進むと期待しているようだ。だが甘い。米価が下落して困るのは大規模農家の方なのである。だから国に代わってＪＡが中心になって協議会を作り、全国の米の生産量をほぼ現状並みに取りまとめようとしている。しかしこれはカルテルだととられかねない。

日本がリードしてきたＴＰＰ（環太平洋連携協定）の発効も近くなったと思われる。だから国はそれに備えて減反政策から手を引き民間に任せた。つまりＴＰＰの人身御供、斬られ役をＪＡ（つまり私たち）が御上(おかみ)から賜ったようなものではないか。カルテルは非関税障壁だからＩＳＤ（投資家対国家間の紛争解決）条項でつぶされるだろう。

だから本当の危機に直面しているのは、やる気満々で規模拡大を目指している人たちなのだ。彼らを応援するためにも、私たち百姓が波打ち際で頑張ろうと老骨にムチ打って私は訴えているのだ。

4章

農の伝道者の教えに触れる

熱狂的に支持された松田思想

「百姓の五段階」の話を始めてみたい。

これは百姓としての私のいわば「へそ」であり、へその緒は今もそれにつながっている古い時代の話だが「温故知新」だと思って付き合ってほしい。ま、老い先短い百姓ジサマの昔話だな。

これまでにもくどくどと述べてきたように、私はどうしても百姓が好きになれずに若いころは深刻に悩み苦しんでいた。窮余の策として自己救済のためにすがったのが「松田農場」だった。戦後から昭和三〇年代にかけて百姓衆から熱狂的に支持された農民道場である。西日本の百姓で松田農場を知らない者はいないとまでいわれていたものだ。熊本県の八代干拓の一五haの県有地に松田喜一(きいち)氏(一八八七~一九六八)が開設したもので、死去による閉鎖までの四〇年間に一年以上の研修生が四〇〇〇人、三泊四日等の短期講習生を五万人送り出し、実は私はこの講習生の一人なのである。ともかく大変な人気で農場での講演会には七〇〇〇人もの人が押しかけ、クリークの水で洗顔し土手を枕に寝るフィーバーぶりで、その写真も現存している。私の友人で福岡県朝倉市のやり手のカキ農家の小ノ上君などは松田先生の「喜一」から二歩退(さが)って「喜三(よしみつ)」と命名されたといい、農場出身者は今も各地でその思想を受け継いで頑張っている。

各村々に「農友会」なる組織があり、「農友」と題する会報が配られてきていた。私の父親も熱心な松田信者で、小学校の講堂での講演会には子どものころから必ず連れていかれた。話の中身は理解できなかったが会場には笑いが絶えず、村の人たちがみんな元気になって帰っていくような気がしたものだ。だから本来ならばすんなりと百姓になるはずだったのだが、私はそうはなれなかったのである。

当時と現代では時代状況がまったく逆だ。現代の親は子が百姓を継がないのは当たり前だと認識し、「子どもは自由にさせる」がモットーのように見受けられる。逆からいえば、親の責務をそっくり子に押しつけている。だからひたすらカネ稼ぎに精を出し大学だろうと専門学校だろうと、とことん進ませる。カネが不足すれば田を売る。もっとも近年はまったく売れないが。

「田を売ってふる里捨てる子を育て」という川柳があるが、私たちは半世紀以上もこれをやってきたのである。昔から学歴は農を捨てる手段であり、村を出る武器だったのである。百姓に学問は必要だが、学歴は不要だ。むしろ邪魔になるくらいのものである。私はそう思う。松田先生もそう言っておられた。

このような荒涼たる農の時代にあって、あえて自分の意志で農に挑む現在の農業者（あえて百姓とは言うまい）に迷いはないだろう。なにしろ逆風の中で自分で選択した道だからな。しかし、いかにも軽いという感じがするのは、私が老いたせいではなく、「へそ」がないからだ。「へそ」とは言ってみれば「思想」「農魂」である。

私の村でもUターンの若者がいて、わが家の畑の隣でキャベツ栽培を始めたので「キャベツ作りなら村に名人がいるから、いろいろと教えてもらえ」とアドバイスをしたところ、「いえ、ボクはインターネットでやっていますから」と答えた。「あ、こいつはアカン！」と見ていたら案の定二年で姿を消した。軽いとはこういう意味である。

百姓がなぜ「へそ」を失ったのか。私が思うにはそれは官製の技術指導に農業が完全に支配征服されてしまったからである。他の分野では往年の名選手が指導・監督の任に当たる。ところが農業だけは農業をやっていない人たちが農業の「専門家」と呼ばれる。

技術指導だけならそれでもよかろうが、この専門家たちが指導できない世界がある。それは実際に農業に従事している人たちの喜怒哀楽、喜び、苦しみ、悲しみ、生甲斐、夢といった人間としての内面である。自分でやっていないからわからないのだ。もっともそこまで踏み込まれるとぶん撲（なぐ）ってやりたくなるだろうがな。松田思想が熱狂的に百姓衆に支持された理由がここにある。

松田先生はこう言っている。

「およそあらゆる職業中で百姓ほど馬鹿らしいものはない。朝は早いし夜は遅い。その労働の激甚なること骨身にこたえるのである。それでも収入が多ければ我慢のしようがあるけれども激烈なる労働に対して百姓の収入は余りにも貧弱である。だから代々親は子に『百姓は馬鹿らしい』と百姓呪いの言葉をくりかえしつぶやいてきた。ではどうするか。百姓自らが百姓の辛さ馬鹿らしさから解脱せぬ限り百姓の幸福も農業振興もない」（『昭和の農聖松田喜一先生』、昭和四七年刊の要約）

松田イズムに導かれながら、「百姓の五段階」を一段ずつ昇っていくことにしよう。

百姓にも五段階がある

私を百姓に育ててくれた松田農場の松田喜一先生は「百姓の五段階」の前文でこう述べておられる（『昭和の農聖松田喜一先生』より、一部要約）。

「役人には高等官とか、判任官とかがあり、又部長、課長、係長などがあるが、百姓はおしなべて百姓でしかないと思うのは誤りで、百姓にも五段階がある。下層の百姓なら真っ平御免であるが、上段の百姓なら、大臣も、大将も遠く及ばない程の尊い存在であり、又凡ゆる職業中飛び抜けて幸福である。何うせ百姓するなら、是非共上段に昇らねばならない」

さて、「百姓の第一段階」であるが、これは最上位ではなく、その逆の最下位のことである。それは「生活の為の百姓」だと師はのたまう。

「今我々の目に触れつつある並の百姓は、一口に言えば『生活の為の百姓』でしかない。一にも生活、二にも生活、三にも生活である。そしてその生活は、『虚栄』と『享楽』の二つの目標を追っている者が大部分である」

はて？　と思わないか。それ以外に何の目的があるの？　と考える人もいるのではないか。私が思うには、それほど現代の農業は目先の日銭稼ぎに明け暮れているように見える。「農業を成長産業に」という政府の掛け声のもと、「儲かる農業」や「農業で稼ぐ」などの言葉が飛び交い、本が出版され、世をあげての「儲かる農業」フィーバーのように私には感じられるのだ。逆にいえば、それほど農業は儲からない仕事だということの証左でもある。いつの世も儲かっている奴は黙っているものなのだ。

私たちの若いころ、昭和三〇年代のミカンブームに似ている。「目指せ七ケタ農業！」などのスローガンが私たち農村の若者を煽り立てたものだ。歴史は繰り返すというが、世代が変われば人も変わるから歴史が教訓にならない。「いつか忘れてまたダマされる」ものらしい。

松田先生は「虚栄」と「享楽」を目的とすることを戒めておられるが、むしろ多くの百姓にとってそれは夢であり憧れであって、現実は消費に追いかけられてあくせく働いているのが実態ではないか。つまり、カネを追い求めてカネに追いまくられて、わが身を削って働きつづける。早い話カネの下僕。もっといえばカネの奴隷である。これでは百姓暮らしのいいところはない。

打開策は大規模化だと煽る人たちがいる。しかし、この拡大路線は農業の工業的生産システム化のことである。大規模にやるには機械化が不可欠だ。機械でやるには単作にするしかない。機械化、単作化、規模拡大、設備投資と積み上がっていって、もはや路線変更も引き返すこともできず、結局倒れるまで進むしかない。これが大規模農業の宿命である。日本だけではない。世界の農業の九〇%が家族農業で担われ、食料の八〇%を産出しているのは、けっして偶然ではない。

もちろん私はそうなりたいと思ったことはない。若いころの一時期迷ったこともあったが、早くに目がさめた。だから私の百姓人生の後年、つまり子育てが終わったあとの目標は二つ、「カネの奴隷にならない」「女房には絶対に後悔はさせない」である。

さて、本題に戻ろう。松田先生はここで「生活」という言葉だけを使っておられる。「暮らし」

は出てこない。私は「生活」と「暮らし」はもちろん重なる部分は多いが同じではないと考えている。「暮らし」のためにやるのは仕事であり、「生活」のためにやるのが労働だ。百姓暮らしの豊かさ強さ幸せはカネに依存しない、逆にいえばカネにならない仕事の部分を持っているということだ。私はそう考えているが、この話は別の機会にやろう。

百姓の最下位の「第一段階」からの脱出のポイントは「生活から一生追われるか、生活を追い抜くか、これが百姓の生命線である」と松田師は説く。では、どうするのか？　究極のところ「入るを計って出るを制する」以外に手はないのだ。これを「ラッパ」と「風呂釜」に例えて師は説いた。ラッパは入り口が小さく出口が大きい。これが「ラッパ経営」で、これではどんなに規模拡大しても、どんなに努力しても結果は同じだ。一方の「風呂釜」は昔のいわゆる「五右衛門風呂」のことで、入り口は釜のまわりと同じ大きさだが、出口はとても小さい。これが「風呂釜経営」である。現代の経営ではそうとばかりもいかないだろうが、原理原則はその通りだし不変であろう。

年間販売額が一〇〇〇万円で、手元に残るカネが仮に一〇〇万円であったとしても、これを近代化農業という。年間売上げが二〇〇〇万円で一〇〇万円が残ってもそうは言わない。しかし手元に残るカネは同じである。「百姓のカネは流した汗の分しか手元に残らん」と、わが祖父が言っていたが、松田師の教えも同じである。

とことん打ち込んで自分を深める

「百姓の五段階」の第二段階は「芸術化の百姓」である。これは農業で生きている人ならすでに到達している段階だと私は思う。そうでなければ農業は続けられない。

価値観が異なるので一概に比較はできないが、日本の農産物はまさに芸術品である。私の友人にブドウ作りの名人が何人かいるが、「よくぞ!」と驚嘆するほどみごとだ。彫刻家がノミで木を刻みながら作品を仕上げていくような、画家が思案しながら絵具を塗っていくような苦しみと楽しみと喜びが農業にもある。

松田喜一先生はこう説いておられる。「農業の芸術化は、只、作る者の心が楽しいばかりではない。之により て百姓が楽しくなり、作業の苦痛を忘れて百姓に没頭するから其日々々が幸福になり、失費の機会がなく、家富み栄えるのである」(『昭和の農聖松田喜一先生』より一部要約。以下同じ)。

「仕事を労力にするな道楽とせよ」の世界である。「好きこそものの上手なれ」というが、何においてもそれを好きでやる奴にはかなわない。苦労が苦労にならないからだ。だから仕事を道楽にする百姓には休養は必要だが、休日や遊びはいらない。それらは百姓仕事そのもののの中にあると師はのたまうのである。

来る日も来る日も田畑に出て日がな一日黙々と働く百姓たち。それは報われない労働に明け暮れ、土の上を這いずり回って生涯を終える惨めな人間の姿ではないか。若いころの私にはそうとしか考えられなかった。だからその世界から逃げ出すことばかり考えていた。そのような姿勢でいるかぎり農業の奥深い世界に入ることはできない。人生は地獄だ。

そんな自分を変えるために私は松田思想に救いを求め、実体験のために三泊四日の研修にも行ったわけだ。そして私のこれまでの世界観、価値観は世間の常識にべったり依存したものであることに気づかされた。それとはまったく別の違う世界があることを松田先生に学ぶ中で初めて知った。これが私の「百姓入門」だった。

作物はなんでもいいからとことんやってみるというのが入り口である。途中でやめるから失敗なのであって、やめなければ失敗はない。

いい加減な精神でやっていると、そのレベルまでしか到達できない。とことん打ち込むことで自分が深くなる。深くなれば深くなっただけこれまで見えなかったものが見えてくる。これが農業の奥の深いところだ。そしてその機会は農業を志すすべての人に平等に開かれている。

百姓になってからの私は相当に頑張ったつもりだが、どうしてもかなわない百姓が村の中に一人だけいた。二〇一七年に八八歳で亡くなった吉田林義(りんよし)という百姓である。この人には何をどうやってもかなわなかった。他にも先輩や同年輩に優秀な百姓は何人もいるが、それは頑張れば到達できる世界だ。しかしそうでない世界もあるのだ。私はひそかに林義しゃんのことを「百姓の虫」と呼んでいた。

若いころ一緒にトマトを栽培していた。昭和三〇年代の初めのころで、ビニールのトンネル栽培である。戦後のヤミ市の名残りの露天市に母親たちがリヤカーで引き売りに行っていた時代だ。彼と私の母親がリヤカーを並べてトマトを売っていると、彼のトマトがなくならないと私のトマトは売れないと母が毎日嘆くのである。これには参った。

何が違うのか私は一生懸命に考えた。彼のところへ教えを乞いにも通った。しかし、やっぱり違うのである。同じにならないのだ。

数年かかって私はついにその原因と本質を突き止めた。それはこういうことだ。私は昼間は一生懸命トマトの手入れをやるが、夜になると青年団活動やフォークダンスでトマトのことはすっかり忘れている。坊主になった間だけ鐘をつくという奴だ。ところが彼は来る日も来る日も、それこそ四六時中トマトのことで頭がいっぱいなのだ。トマトに恋しているのである。その差だと私は悟った。「よくまあ朝まで寝ておれるな。オレはトマトのことが気になってとても寝てはおれん」と言われたことがある。

その彼のトマトが調子が悪い年があった。そしたら彼は一週間も寝込んでしまったのである。ウソのようなホントの話だ。擬人化、擬人法どころかトマトと人間が一体なのだ。いまだ解明されていない世界なのかもしれない。当然、私たちが使う官製用語の「生育不良」を「機嫌が悪い」と言い、「肥培管理」は「手入れ、手当て」である。「手入れに勝る技術なし」の世界に生きた幸せな百姓であった。

松田師はこう述べておられる。芸術化の百姓は「職業そのもので楽しむのであるから仕事に没頭して暇がなく、暇がないからお金が要らず、しかも道楽が生産であるから、収出抜きの収入専門となり、いやでも家は栄えるのである」。早く第二段階に昇れ！

美しい田園と詩的情操

「百姓の五段階」の第一段階は「生活のための百姓」。第二段階が「芸術化の百姓」。さらにもう一段上った第三段階は「詩的情操化の百姓」である。これはなかなか難しいぞ。まずは松田喜一先生の御高説に耳を傾けてみよう。

「更に百姓の薫りが高いのは、田園の詩的生活に入った人である。天地の自然美と融け合うことの出来る人間である。詩的とは、一切の現実を離れて、自然の環境に空想する心の姿である。大自然に酔うたるが如き気持である。人間離れした情操である」（『昭和の農聖松田喜一先生』より）とのたまうのだ。

ご自身もなかなかの詩人であられたようだ。つまり、日常の一切のことから離れて田園の詩的環境に陶酔することのできる、あるいは酔ったような気分で生きている百姓ということのようなのだ。さて、この物差しを自分に当てて自己評価してみよう。おそらく多くの百姓が「私はダメだ」と思うのではないか。私も無理だな。ま、せいぜい山の端に沈む夕日を眺めて「ああ、美しいなあ」という心くらいはまだ残っているが、若いころは「おお、もう陽が沈む。えらいこっちゃ、あと一反歩田んぼを起こさにゃならん」で生きてきた。私の場合は加齢による変化だ。

では、なぜ私たち百姓の暮らしから詩的情操が消えたのだろうか。世の中全体が忙しくなり農家の暮らしも全体のスピードに巻き込まれて忙しくなった。宮沢賢治ではないが「ただ灰色の労働があるのみだ」の日常になっているのではないか。しかし、それを言うなら松田先生が活躍された戦後から昭和三〇年代にかけても似たようなものだった。機械化が進んでいなかったから、今よりも百姓の仕事は多かった。では何が変わったのか？

私が思うには一番変わったのは農村の風景、景観である。早い話、現在の田園風景からビニールハウスと電柱、電線を取り払った風景を想像してみてほしい。残るのは農地ばかりだ。昔はこの農地すべてが寸土も余さず耕され、いろいろな作物が栽培され、その美しい風景が百姓自身の心を癒やしてくれたのである。

春は菜の花、レンゲ、麦秋におぼろ月夜、一面に水を張った田んぼも美しい。田植えを終えた田園風景はさらに美しくホタルが舞う。秋の実りには赤トンボだ。冬は麦畑と化した田んぼに青々と麦が育ち、麦秋のころにはあちこちからヒバリが甲高い声で鳴きながら天高く舞い上がっていった。つまり、農村の四季がそのまま詩になり絵になる風景だったのである。私たちはかろうじてその時代の農業に従事した最後の世代である。

あのころと比較すれば現在の田園風景は貧しい。はっきり言って汚い。これでは詩情は生まれてこない。そしてそれは人々の心の中にゆとりがないことの証左ではないのだろうか。自然界との向き合い方も大きく変わった。畏敬の念は薄れ、人間はその分度を忘れ、まるで敵対関係であるかのようだ。テレビでは毎日「ＰＭ２・５情報」なるものを放映している。「微小粒子状物質」という大気汚染物質による汚染度を報じているわけだが、「だからどうしろというんだ」と私はいつも思う。

春には「花粉情報」、夏には「紫外線情報」に「熱中症情報」だ。モーレツに暑かった平成最後の年のこの夏は、最高気温が四〇度を超えたところが出て「命に関わる危険な暑さ」という新しい表現が登場した。これら自然界の危険への対策は「不要不急の外出や屋外での長時間の激しい運動をできるだけ減らす」である。たしかにそれはその通りだが、百姓はどうなる。空を飛ぶ渡り鳥を仰いで鳥インフルエンザの心配をし、田んぼに出没するイノシシや鹿から口蹄疫を連想する。まるで自然界は人間の敵ではないか。その敵陣を職場として暮らしているのが私たち百姓なのだ。

一方では安全安心の農産物だのグローバルギャップだのロハスなどとはやし立てる人たちがいる。「ふざけるな」と私は言いたいね。「自分でやれ！」

松田先生も今百姓として生きておられるなら、きっと私と同じことを言われると思う。「都会は消費を楽しむところだが、農村は生産で楽しまねばならぬ。農村が都会のマネをしたら農業は亡びる」と警鐘を鳴らし続けた人である。農業の豊かさ、百姓の幸せ、農村の発展を誰よりも願い模索した先達である。現在の農業、農村を見られたらなんと言われるであろうか。

「情操には音楽が要る、歌もよい、楽器もよい。森の中からピアノの音が聴こえるような百姓になってよいのである」（前出）と矛盾するようなことも書いておられるが、つまりは仕事に打ち込み、仕事を楽しみ、その合間に違った娯楽を楽しむ人生でもよいのだということだろう。現代の「詩的情操化の百姓」を目指し、悔いのない、女房に後悔させない農業人生を送ってほしいと思う。

肝を据えて農の道を歩む

「百姓の五段階」の第四段階は「哲学化の百姓」である。「なぬ！　哲学だと」と思わずのけぞりたくなるだろうが、哲学とは私が思うにはいわば人間総合学みたいなものだ。古代から積み重ねられてきた学問で、例えばパスカルの「人間は考える葦である」とかデカルトの「我思う故に我あり」とか、ソクラテスの「生きるために食べよ。食べるために生きるな」などは私たちでも知っている名言・至言である。

松田喜一先生はこう述べておられる。「天地の声なき声を聴く百姓になることである。我等の職業が天業翼賛であり、御対手（おあいて）が天地であるからには耳そばだてて聴けば必ず天地の声が聴こえるのである。天地の声のことを『真理』といい、これを説く学問が『哲学』である。そして我等の哲学を『土の哲学』という」（『昭和の農聖松田喜一先生』より一部意訳）。ちなみに「天業」とは「天の神のわざ」、「翼賛」は「力を添えて助けること。補佐すること」と辞書にある。つまり、天、すなわち自然界の営みに沿ってそれを補佐して命の糧をいただいているのが百姓という存在だという意味だろう。松田師はこれを「自然のお手伝い」といっている。「命」は工業では製造できない。どんなに科学技術が進歩してもいかなる精密工場であっても米一粒、ミルク一滴を生み出すことはできないのだ。それらはすべて自然界の恩恵であるから、その声なき声を聞く百姓になれと師はのたまうのだ。それが「哲学化」の百姓というわけである。

「天の声を聞く」といっても聞く耳を持たない者には一生聞こえてこないのである。ではどうすれば聞こえてくるようになれるのか。

先生の著書『農家の運命と自開の道』（昭和三三年刊）から僭越ながら私が要約・意訳して、その極意をお伝えする。この本は今でいうブックレットだが、かなり具体的に説いてある。いうまでもないことだが、まずは聞く耳を持つことである。その心がなければダメだ。これを「求道心」という。道を求める謙虚な心である。そして一度は人生のどん底を体験するのがよい。「どん底」とはそれ以下がない位置だから、あとは登るばかりだ。この登り坂が幸せなのである。しかし、登ればいつかは下らねばならない。「山高ければ谷深し」で、高く登った者ほど下りは悲惨であり、これが不幸だ。「長者三代なし」「親はミノ着る、子はマント着る、孫はボロ着て門に立つ」は人の世の法則である。同じ一〇〇万円でも天国と地獄がある。これまで一〇万円だった人が一〇〇万円になれば天国だが、一〇〇〇万円の人が一〇〇万円になれば、これは地獄だ。このような具体的な話がいくつも出てくる。松田先生自身が苦労の多い人生だったようだ。

祖父の代までは庄屋で干拓や用水事業を積極的に行い、そのための借財も多く家産を減らしてきびしい暮らしだったようだ。松田師自身も農民道場を開設したものの経済的なことも含めて何回も行き詰まり、どん底生活を余儀なくされた。その苦境の中から一つの真理を会得する。もちろんそれはその渦中にいる時ではなく、あとになって知ることだが「もうダメだ、どうにもならん」と絶望のどん底にいる時が実は成功の一番近くに来ているということだ。だから天の声も真理も耳学問や知識ではなく、わが身の実践から学ばなければならない。その真理に導かれて、いささかの迷いもなく肚を据えて農の道を歩む。これこそが「哲学化の百姓」というわけである。

私は松田先生の教えに導かれて百姓になったが、「哲学化」の百姓などとは程遠い人生だった。しかしそれでも自らの実践で学んだことは少なくはない。数多い中からあえて三つをあげると、第一は「成長の早いものほど寿命が短い」という自然の法則だ。逆にいえば寿命の短いものほど成長が早い。

これは動植物でも人間社会でも企業でも国家でもすべてに言えることだ。私たちが百姓を続ける目的は持続であるから成長しない方がいいのである。成長なき安定、成長なき繁栄だ。商家は三代続くと老舗だが、農家の三代はまだ新家である。

第二として、私たちが相手としている自然界にはまったく嘘が通用しないということである。嘘が通用するのは人間の社会だけである。だから第三は「農業は論より証拠の世界だ」ということになる。私たちは農作物を通して自分をさらして生きている。これはまことにシビアな世界である。一面の水田風景は都会の人には同じように見えるだろうが、村の人間はそれぞれの田んぼの持ち主を知っている。けっして同じではないのだ。どんな立派な論を唱えてもその人の作物を見れば一目瞭然だ。これはきびしい世界だ。だから百姓は大言壮語をしない。仕事が人間を育てているのだ。私は「哲学化の百姓」にはなれなかったが、生涯の百姓人生でこれくらいの真理は会得したと思っている。

今に引き継がれた農魂

さて、「百姓の五段階」の頂点、最高位は「宗教化の百姓」である。まずは松田喜一先生の御高説に耳を傾けてみよう。

「農作物や動物が、芽が出たり、生まれたり、育ったり、それがことごとく天と地の霊力によることだけは誰が考えても判ることである。（中略）相手が天と地の御力で営む職業であるから、百姓で信仰心が生まれなければ、外にはこれを養う道はないのである。農業こそ神仏に近づく途である」（『昭和の農聖松田喜一先生』から要約）。「霊しげき夜空に、中空にかゝる弦月と、満空の星群とを仰ぎつゝ、鎮守の森かげを望めば、霊気身に迫るものがあるのである」と続くのである。

さあ、どうだ。明治人の気骨には圧倒されるが、ここまで来ると私はついていけない気がする。つまり「宗教化の百姓」落第である。

現代を生きる私たちとの相違点が三つある。第一に強固な「皇国史観」、第二に浄土真宗の「熱心な信者」であったこと。そして、第三は自然界への無限の「信頼と帰依」だ。ま、今風にいえばアニミズム（地霊、精霊信仰）だ。しかし、ここまで到達した者が「真の百姓」だ。生活だけなら「二十姓」、早く「四十姓」に進め、「六十姓」に入れ、「八十姓」に登れ、そして「百姓」に座せねばならぬと説きつづけられたのである。

私は松田教に導かれて百姓になった。他の仕事に就いたことがないので比較はできないが他人の仕事を羨ましいと思ったことは一度もない。昔、こんなことがあった。ある町に講演に行ったら、私の接待役の農林課長が兼業農家で、あちこち案内してもらったあとでコーヒーを飲みながらの世間話の時だ。

「私は家の百姓仕事をやっていると、タダ働きをしている不安があるのですが、そんな気になりませんか」と言い出したのである。「役所にいれば何をやっていてもカネになっている。こうやってコーヒーを飲んでいてもカネになっているという安心感があるのです」

「私は逆だな。自分の家の百姓仕事をやっていると、自分の人生を生きているという充実感があるが、たまに賃稼ぎに出ると、そのぶん自分の人生を損したような気分になるよ」

これは本当だ。だから百姓をやっているんだ。私の人生訓で最後に残った「カネの奴隷にならない」「女房に絶対に後悔はさせない」は、たぶんに松田思想の影響だと考えられる。百姓で生きたことに後悔はない。

しかし私たちが生きた時代の変化はすさまじかった。松田喜一先生が亡くなったのは一九六八年（昭和四三）だが、その二年後には米の減反政策が始まるのである。つまり、敗戦後から続いていた慢性的な食料不足が、松田農場を称賛し、農に励む百姓を必要としていただけのことだったのである。

松田農場からまさに潮が引くように人の姿が消えていった。松田師の最期の姿は宇根豊さんの文章を借りてお伝えしたい。

農業改良普及員でありながら「田んぼに農薬をまくな」という「減農薬運動」を起こした

彼は、その後「百姓」になり、「百姓、思想家」を自称している。これは二〇一七年（平成二九）七月二九日に熊本県八代市で開催された「松田喜一セミナー」の座長としての問題提起の中の一文である。

「一九六八年七月三〇日。農場視察に来ていた県内の矢部農業高校（当時）の生徒一五〇人を前に、いつものように裸足、半ズボン、半袖シャツ姿で野外にて『工業国の農民の自覚』を声高く講演中に倒れてそのままこの世を去りました。享年八〇歳。そしてこの空前絶後の農本主義私塾は幕を閉じたのです」

土の行者を自任し農の伝道師としての松田喜一先生の名前も、アッという間に世間から忘れられていった。そんな時代だった。

松田農場のその後については地元の人の証言を伝えておこう。もともと松田農場が設営されていた約一五haの干拓地は県有地であり、農場の跡を継ぐ人もおらず、地元の入植農家が、農業経営を続けることを条件に県から払い下げを受け、現在は九州を代表する温室団地になっている。多額の投資をした温室が二度も台風の直撃で壊滅的な被害を受けたが、そのたびに強い施設にして、より強くなって立ち上がっている。リーダーとして引っ張ってきたのが、私が農業界のスーパースターと呼んでいる田辺正宣さんである。彼もセミナーのパネリストだったが、資料の最後にこう書いている。

「本稿は四十数年間、松田農場跡地、松田先生の農魂を背負いながら就農してきた著者の軌跡と失敗、苦悩の体験から思い出をまとめたものである」

松田喜一先生が説かれた農魂は確実に引き継がれている。農場跡の一角にあった「農友神社」は「松田神社」に変更され、鍬を持った銅像と共に四月九日に「大祭」が、七月三〇日の命日に「偲ぶ会」が開かれているそうだ。出来損ないの弟子の私は敷居が高くて参加したことはない。

松田思想への別視点からの問いかけ

農家の長男に生まれ、農業が好きになれずに悩み苦しんでいた私を、なんとか百姓に育ててくれた松田喜一先生のことを長々と書いてきた。これまでにも単発で書いたことはあったが、これほどまとめて詳しく書いたのは初めてである。

そのことにいかほどの意味があるのかないのかわからない。どう受け止められたのかも知らない。しかし私としては背負ってきた荷物をやっと下ろしたような安堵感があるのは事実だ。このようなことを世間では「恩送り」というようだが、松田師から受けた恩を次の世代に伝えることができたという安堵である。

さて、そこで問題である。私は百姓になるために松田思想にすがったわけで、例えば「仕事を労働にするな道楽とせよ」という教えなどは、ベートーベンの有名な「努力した人が成功するとは限らないが、成功した人はみんな努力している」に比肩するほどの名言だと思うのだ。だからそのこと自体にはなんの問題もない。ただ、そういう考え方、生き方への別の視点もあるということだ。若いころそのことを指摘されて以来、松田思想を語る時に、それとは裏腹の別の目が頭をもたげてくるので併せてそのことも伝えておきたい。

遠い昔。農業関係者のシンポジウムで、お茶の水女子大学の原ひろ子教授（当時）と同席した。たぶん私が百姓になった体験を多少得意気に語ったのだと思う。それに対して教授から言われた言葉が今も忘れられない。教授はとてもやさしくにこにこしながら、こう言われたのである。

「あなたね、それは方向が逆じゃないの。農業・農村・農民の社会的地位の向上や権利の獲得のためにこそ努力すべきであって、未来を背負っている農村の若い人がそれに背を向けて自分の殻に閉じこもるのはよくないわ」

私は少なからずショックを受けた。数日後『母性から次世代育成力へ』（原ひろ子、舘かおる編、新曜社、一九九一年）と題する本の一部コピーが冊子にして送られてきた。それには次のようなことが書いてあった。
「明治期から大正の初めにかけて内務省の天野藤男（一八八七―一九二一）を中心に農村の青年男女の教育方針が動機され、青年団、処女会、娘会などの組織を通じて、働き者で日焼けをした若者を好ましく思う感情を女性の中に育てることで郷土愛、愛国心を培う教育を国策で実施することが決められた。天野は目指すべき理想像を都市のインテリ層の女性の『良妻賢母』に対して農村の女性を『働妻健母』と称したという」

さ、どうだ。私は思わずのけぞったぞ。そうか、報われることの少ない労働に黙々と励む夫と共に日々汗を流し、健康な子を次々と産んで育てて、これが女の幸せだと思う農村女性を国が育てようとしていたのだ。つまり松田思想によって私みたいな農村青年が国策を先取りしていると教授は言いたかったのだろう。愛国者も軍国少年もそのようにして育てられたのだ。私は松田思想を見る別の視点を初めて教わった。

あとで知ったことだが、原ひろ子教授は私たちと同世代の文化人類学者で、ジェンダー研究の第一人者として有名な方だった。松田喜一先生は明治の男だからジェンダーの思想がないのは当然のことで、私などもその欠落部分も受け継いでいたのだ。現代では農村でも若い世代の間では十分に認識されていると思うが、「ジェンダー」とはオスとメスとしての男女の性別ではなく、社会的存在としての男性と女性という意味で性差による女性差別をなくし対等な社会を築いていこうという、いわば女性の社会的地位向上の運動である。そのような社会運動に関わってきた女史から見れば、社会の現実から目をそらし、自分の殻に閉じこもって、あたかもそこにのみ人間の幸せがあるかのような私の発言が許せなかったのだろう。ましてや会場に集まっているのは農業関係者と農家の人ばかりだ。

ジェンダーの成果なのかどうか、今や「良妻賢母」も「働妻健母」も死語となり、それどころか生涯未婚率（五〇歳時点で結婚したことのない人の割合）がなんと男性で二三％、女性で一四％（二〇一五年）にもなっているのだそうだ。そして農村青年は結婚難民の代表のようにいわれてきた。家族農業だから家族なしには成立しないのだ。家が壊れ、家族が壊れて個族社会となり、未婚社会へ向かう。ゴールはどこだ？

私は松田思想に導かれて、まず自分の人生を救った。そして幸せな小規模農家、小農を目指した。数多くの小農が日本列島の津々浦々を守り、国民の食と地域社会をこれまでもこれからも支えていく。これが私たちにできる唯一の社会運動であり、もっといえば反戦平和運動なのである。私はそう信じている。

5章

米国・ロシア農業見聞

米国① 大規模農業を成り立たせるのは

大規模農業経営の成立条件は何か？

若いころずいぶんと考えたものだ。私はミカン専業農家を目指して挫折したが、ミカンのように自由市場で価格が決まり下支えがない作物では、どうやったってスケールメリットは出ない。赤字になれば、規模が大きいほど赤字も大きくなり先につぶれるのだ。もっとも現在は、一応の下支えはあるが、機能しているとは思えず、私は加入していない。

そもそも、大規模とは小規模に比較して大規模なのであり、小規模は大規模に比べるから小規模なのだ。つまり、相対比較の問題であって大した意味はない。私が到達した結論は、少数の大規模農業を成立させているのは多数の中小規模農家の存在にほかならないということだった。大規模だから強いわけではないのだ。

価格保証、最低価格が決められている作物では、スケールメリットが出る。その価格は多数の農家の採算ラインぎりぎりの水準であるから、多くの農家にメリットはないが、それ以上の層にはスケールメリットが出る。それを支えているのは、中小農家の存在にほかならないということだ。だから、小規模農業が消滅すれば、大規模農業も残れない。

さて、アメリカで大規模農業が成り立っているのはなぜか。その仕組みはこうだ。（一）「直接固定支払い」小麦、トウモロコシ、ソルガム、えん麦、棉花、米、大豆、油糧種子、ピーナッツの生産者のうち、政府と契約を結んだ農家に毎年支払われる。金額は日本円で五〇〇〇億円（一ドル一〇〇円換算、以下同）。一農場当たり一〇〇万円前後だと伝えられている。（二）「価格変動対応支払い」市場価格が下がった場合に支払われる補助金だ。作物ごとの目標価格が設定してあり、トウモロコシは一ブッシェル（二五・四kg）二・六三ドル。小麦は一ブッシェル（二七・二kg）三・九二ドルといった具合だ。この目標価格を下回った場合に農場の平均単収の九三・五％を基準にするなどして支払われる。（三）「価格支持融資」農家が農産物を担保に政府系の金融公社から最大九か月の短期の融資を受けられる仕組みだ。トウモロコシは一ブッシェル一・九五ドル、小麦は二・七五ドルと目標価格の七割で借金をし、市場が上がれば売り、下回って見込みがなければ質流れにする。

早い話、農家はどれだけ生産しても目標価格に近い収入が確保できるわけで、すべて政府が責任を持って後始末をしてくれる。日本のかつての「食管法」にがっちり守られているようなものだ。そうでなきゃ、大規模農業は成立せず存続できない。

生産者にとっての問題は、「農業法」が改正されるたびに単価が切り下げられ、一層の規模拡大とコスト低減を迫られることだろう。

アメリカの「農業法」は五年ごとに改正されるが、現行は二〇〇八年の「農業法」で、すでに期限が切れていたが、延長に延長を重ね二〇一四年二月にやっと新しい「農業法」が成立した。その審議の過程で「ＳＮＡＰ」（Supplemental Nutrition Assistance Program 補助的栄養支援プログラム）の減額や乳価の引き下げなどの支出削減で大もめしたと報じられている。

日本なら厚労省がやるべき貧困層への食料支援を、アメリカでは農務省の予算で行っている。余剰農産物対策でもあるから農業政策なわけだ。そのＳＮＡＰを含めた栄養支援プログラムの支出額が農務省の予算の七四％（九兆円）にもなり、アメリカの社会の大問題となっていることは周知の通りだ。それが本体の農業予算を侵蝕し、一kg三七円の乳価が下げられそうだ。気の毒だよな。そんなわけで、大規模化を目指してきたアメリカの農民の収入は四〇年前と変わらないという。コスト削減は生産者の所得増になるのではなく、さらなる単価引き下げの根拠にされるからである。

トウモロコシだけが元気のようだ。例のエタノール・フィーバー以降、価格上昇を続け二〇〇〇年には一ブッシェル一・八五ドル（二五kg入り一袋が一八五円だぞ！）だったものが、二〇〇八年には四・三ドルに値上がりし、政府の補助金が不要になった。そのトウモロコシを飼料用だけで年間一二〇〇万ｔも日本は輸入して、アメリカのコーン農業を支えてきたのだ。しかし、もはや日本の畜産をアテにしなくてもよくなった。だから、日本の減反田で飼料米の生産が可能になった。私はそう思う。今度はＴＰＰで餌ではなく肉そのものを押しつけようという算段だろう。

私は、米自由化のころにカリフォルニアの日系農場主たちに言われた言葉が今も忘れられない。

「日本でアメリカと同じ農業を目指すなら、永久に、そして絶対に勝てない」と彼らは断言したのだ。その道を行くかい？　私はイヤだね。私たちには私たちの進むべき道がある。

米国②　農業生産の工業化システム

若いころ、私は昭和の農聖と呼ばれた熊本県の松田喜一先生から「五徳農業」を叩きこまれた。

「五徳」は知ってるかな？　若い世代は知らないだろうなあ。そもそも火鉢がないものな。火鉢の炭火の上に置き鉄瓶などをかける三脚または四脚の輪形の器具が「五徳」だよ。「五徳」

は三本、四本の脚で支えているから強い。農業もそのようにあらねばならぬという教えだ。ま、複合経営を必須とせよ、一本脚二本脚では危ないぞという意味だな。

一方、戦後アメリカから輸入された「4Hクラブ」の初期のメンバーだった私たちは、こちらでは農薬、化学肥料、農機具を使っての「近代化農業」を教えられた。商品生産に特化したいわゆる「儲ける農業」だ。結局私はミカン専業を目指して失敗して「五徳農業」で生きてきた。私のまわりもみんなそうだ。そして、「百姓」を自称している。

いわゆるアメリカ型の農業、戦後農政が進めてきた近代化農業はこの国に根付くのだろうか。一〇〇年も二〇〇年も続くのだろうか。私はどうも疑わしいと思うぞ。大先輩のアメリカの農業の現実がそれを教えている。

つらつら思うに、農業の近代化とは農業生産の工業化システムのことだ。農業生産を可能なかぎり工業に近づける。あるいは工業化することだ。

その結果、どういうことが起こるかといえば、農業経営においては、まず出ていくカネが先に決まる。そして、これは確実に出ていく。農家の手取りがどんどん少なくなる。生殺与奪の権を外部に握られる。早い話、原油や飼料、資材が値上がりしたら、お手上げになる。そして、資本の支配下に組み込まれる。ま、そういう流れだな。アメリカの例で見てみよう。『ファストフードが世界を食いつくす』（エリック・シュローサー著、草思社）は、アメリカの食生活がファストフード化していった過程と食システムの問題点を批判した本だが、農業についてこんな記述がある。周知のようにアイダホ州はジャガイモ生産に特化した大産地だが、「ビンカム郡のじゃがいも生産コストは、一エーカー（四〇a）当たり約一五〇〇ドルだ。同郡のじゃがいも農家の作付け面積は平均四〇〇エーカーで、したがって農家ではじゃがいもを一個も売らないうちに、約六〇万ドルのコストを負っている。採算をとるには、一〇〇ポンド（四五kg）当たりせめて五ドルの収入が必要だ。一九九六年から九七年にかけての収穫期、じゃがいも市況は一〇〇ポンド当たり一ドル五〇セントまで下落した」「じゃがいも市場は〝少数購買独占〟だという。少数の買い手が、多数の売り手を牛耳っている状態だ。（中略）農家が生産性を高めれば高めるほど、価格は押し下げられ、利益の配分はますます加工業者とファストフード・チェーン寄りにかたよる。消費者がファストフード店でフライドポテトのL（エル）を注文して支払う一ドル五〇セントのうち、じゃがいもを育てた農家の手に渡るのは、二セント程度だろう」

『㈱貧困大国アメリカ』（堤未果著、岩波新書）では、「株式会社奴隷農場」という表現が使われている。大手企業と契約して養鶏を始めて借金漬けになっていく夫婦の話だが、アメリカではわずか四社が全米の六〇％の養鶏を支配し、生産者の九八％が親会社の指示で働く契約養鶏者だという。養鶏だけではない。上位五社の占有率は牛肉八四％、豚肉七三％で、同じシステムでの生産だ。いわゆる牛小作、豚小作であり、これを現代の「農奴制」だという見方もある。

私が思うには、早い話が儲け話にひっかかってボヤいているわけで、どうしてそんなに単純なのかと首をひねってしまうが、アメリカ人にとっては農業はビジネスであり、投資の一種なのだろう。農家にとってはそれ以外の逃げ道、進む道がないということなんだろう。

つまり、巨大化した川下の小売業が川中の流通と川上の農業を支配する構造である。どうやらこれが近代化農業のゴールのようだな。TPPはその形態を日本に持ち込むことだし、そのために邪魔になる農協叩きが始まるわけだ。

なにしろアメリカでは牛肉とレタスの最大の消費者はマクドナルドであり、チキンとポテトはケンタッキーフライドチキンというわけで、これが「少数購買独占」である。その流れで農業が再編成されていく。日本もこの流れを積極的にとり入れようとしているようで、私は大いに気に入らない。

二〇一四年は国連が定めた「国際家族農業年」で、国連は各国政府に対して家族農業への支援を要請している。それだけ家族農業が危機的状況に陥っているということだろう。なぜ家族農業なのか、ふさわしい経営形態とはどういうものか。じっくり考えてみよう。

米国③　農業超大国に変化の兆し

アメリカ農業のしめくくりに新しい動きを見てみたい。テキストは『農業超大国アメリカの戦略』（石井勇人著、新潮社、二〇一三年）である。サブタイトルに「TPPで問われる『食料安保』」とある。題名が示すようにアメリカ農業の全体像を多面的、重層的に描いた労作だが、この中から「変化の兆し」を抜き出してみる。

著者は共同通信社の編集委員兼論説委員を務め、ワシントン支局駐在の経験もある国際派だ。信頼できるジャーナリストだと私は見ている。理由は二〇一三年秋、共同通信社加盟各社の論説委員、農業担当記者の勉強会に私を呼んでくれたからである。私の話を聞こうという奴に悪人はいない。夜遅くまで飲んだが、共感し意気投合するところの多い人だった。

「米国の農業は、トウモロコシに代表されるような巨大ビジネス化した輸出型の営農が主力だと思われがちだが、それは米国の農業の一面に過ぎない。二〇〇七年の米国農業センサスによると、年間一〇〇万ドル（約一億円）以上の農産物を販売する『ミリオン・ダラー・ファーム』（大規模農家・企業農場）は全農家数の二・五％に過ぎないが、販売額は全体の五九％を占めている。一方、同五万ドル未満の農家数は全体の七八％を占めているが、販売額では四・一％に過ぎない。つまり中間層が激減し、ごく少数の大規模農家とそれ以外の小規模農家という形に二極分化している」と著者は書く。

アメリカの農家の七〇％近くは兼業農家である。

さて、変化の兆しの主体は「ＣＳＡ」による小規模都市農家数の増加である。二〇〇二年と二〇〇七年の農業センサスで比較すると、農家数が三・六％増加している。とりわけ販売額年間一〇〇〇ドル（一〇万円）未満の農場が二〇・七％も増えているのだそうだ。

周知のように「ＣＳＡ」は、「Community Supported Agriculture（コミュニティ・サポーテッド・アグリカルチャー）」の頭文字をとったもので、日本の産消提携がルーツである。「地域支援型農業」と訳されているが、生産者と消費者が連携して自らの命と暮らしを守り、地域の自立を目指す運動だと私は理解している。アメリカでこれが広がっている。

ミルウォーキーのＣＳＡ農家の場合はこうだ。農地面積八・五ha、ビニールハウス二棟、豚一頭、ニワトリ数十羽、小型トラクターなどの小農機具、太陽光発電装置二基。

通常は夫婦二人で営農しているが、農繁期になると「シェア・ホルダー」（分かち合う人）と呼ばれる会員が集まってきて、週に四時間の労働力を提供し、その対価として新鮮で安全な農産物を受け取る。農作業に参加できない人たちは、年会費四〇〇ドル（四万円）を支払う。会員は約五〇人。

「今の生活に満足しているよ。日本の農地は大消費地に近く、僕らのような小規模農業が日本で発展しないのは皮肉なことだ。でも日本はなんでもカイゼンするのが得意な国だろう。きっと君の国でも同じようなことはできるよ」

夫のデビッドさんに励まされたと石井さんは苦笑まじりに書いている。

ＣＳＡは二〇〇七年の農業センサスで初めて調査項目となり、一万二五四九九戸。支えるのは消費者だから、当然有機農業、オーガニック食品の増加につながる。ＣＳＡと有機農業が急増中だそうだ。

アメリカで有機農業とは、なぜか笑ってしまうが、石井さんはアメリカ農業は大きな転換期に入っていると見ている。それは巨額の補助金を使って穀物を増産する政策から、より持続可能な農業を目指す方向に向けてだ。クリントン政権時代の「一九九六年農業法」からその方向にシフトしているという。

実はオバマ政権は家庭菜園振興の旗を振っている。そのシンボルがホワイトハウスに作られた一〇〇㎡の菜園だ。ここでミシェル夫人が五〇種類の野菜を育て、蜜蜂も飼育している。観光客からよく見える位置で宣伝効果は抜群だろう。子どもたちを招いて一緒に種をまき、オーガニックの野菜は家庭でも来客にも使われているそうだ。もちろんこれは夫人の趣味などというものではなく、オバマ大統領の選挙公約の「医療改革推進」キャンペーンなのだ。つまり、家庭で自家産のオーガニック野菜を食べて健康になろうという政策である。共和党の支持者からは「オバマは社会主義者で最も危険なアメリカ人だ」と非難されながら、初の黒人大統領は闘っている。

ヨーロッパはオーガニックが主流で、成長ホルモン使用のアメリカ産牛肉の輸入禁止が続いている。つまり、農業は競争ではなく持続的に人々の健康に寄与するべきという原点回帰が世界の潮流になってきているのではないか。私が面白かったのは、アメリカの家庭菜園がロシアのダーチャを念頭に置いたものだという指摘だった。

ロシア① 本当に国民皆農なのか

アメリカとロシアとどちらが好きかといえば、私はアメリカだ。なにしろ昔は憧れの国だったからな。一方のロシアは、日露戦争、シベリア抑留、北方領土問題と悪い印象ばかりだ。ともかく国のイメージが陰湿、陰険で明るくない。暗い。好きになれない。今またウクライナ・クリミア地方の強引な併合で西側陣営から非難されているが、しかし、それを言うのなら昔から西も東も目クソ鼻クソだろうよ。

もし、ダーチャと出会わなかったらロシアを知らないまま、誤解したままで私は人生を終えるところだった。ま、別にそれでもかまわない。が、農業蔑視のこの国で生涯一百姓として生きてきた人間として、私はダーチャを知ったことで目からウロコが落ちたよ。

まるで金科玉条のごとく叫ばれている大規模化、競争力の強化だけが農業の道ではない。別の道もあるのだ。それを実践、実証しているのがロシアのダーチャである。

「ダーチャ」とは与えるという意味の「ダーチ」から発した名詞で、その歴史は古く、帝政ロシア時代の貴族たちの郊外の別荘で休暇や社交の場所がルーツだという。日本ではダーチャは「別荘」と訳されている。

つまりセカンドハウス付きの市民農園、逆にいうと菜園付きセカンドハウスで、ここがドイツのクラインガルテンや日本の市民農園と異なるところだ。「ダーチャ村」と呼ばれる区画はすべて都市近郊に位置し、平均的なサイズは六〇〇㎡、二〇〇坪だ。ここに小さな家を建て（これが条件）都市住民が週末や休暇を過ごし、自給用の野菜や果樹や保存食を作る。単に食料を生産するだけでなく、自然の中での生活を楽しみリフレッシュする場所という意味がある。したがって、たとえ掘建小屋でも別荘なのだ。

ダーチャの大衆化の始まりは一九一七年ロシア革命の起点となった十月革命だといわれて

いる。革命の指導者レーニンは地主から没収した農地を農民、農奴に再配分すると約束したが、死後を引きついだスターリンはこれを反古にしてソフホーズ（国営農場）、コルホーズ（集団農場）など農業の集団化を強行した。反発する農民たちとの妥協策として与えられたのが自留地で、これがダーチャの大衆化の起源だとの説がある。

さらに都市住民に普及するのは一九七〇年以降のソ連時代だ。六〇年代のフルシチョフ時代に整備され急拡大したという。おそらく国民を飢餓から救う究極の手段は「自産自消」で、それが必要な時が来ることを当時のソ連の指導層は予知していたのではないか。

ほとんど知られることのなかったダーチャ（少なくとも私はまったく知らなかった）が世界の注目を集めたのは、一九九一年ソ連邦崩壊の直後だった。第二次世界大戦以後、アメリカと二大覇権国家として世界に君臨してきたソ連崩壊のトドメを刺したのがチェルノブイリの原発事故であったことはきわめて暗示的である。

大混乱の中で餓死者が出ると噂され、食料品店の前に行列を作っているロシアの人々の姿が日本のテレビでも繰り返し放映された。対立する陣営にとっては願ってもない宣伝材料だったのだ。たまたま私は竹馬の友の善ちゃんとわが家で酒を飲みながらそれを見た。「みんなプリプリ太って毛皮のコートなど着てるじゃなかか。ほら見ろ！　野良犬だって太っとるぞ」と善ちゃんが言ったよ。

大混乱の中で餓死者が出たというニュースはついに流れなかった。支えていたのがダーチャだったという。家庭菜園が国民を救ったのである。まさに国破れて希望のダーチャだ。ダーチャの実力を統計で見ると、およそ信じられないような数字が並んでいる。正直いって「ホントかな？」という気がする。いずれも「ロシア国家統計局」の公式発表を出典としているようだが、例えば一般的に流布されているダーチャの全容はこうである。

「ロシア人の七〇％が家庭菜園を実践し、ジャガイモの九二％、果物とベリーの八七％、野菜の七七％、肉の六〇％、ミルクの四九％を生産している。家庭菜園による生産は総生産量の五一％を占め、しかも使用されている土地は農地のわずか七％でしかない」

そんなアホな！　それじゃ農民は何やってんだよと言いたくなる。週末や休暇を過ごす目的を持つダーチャで肉やミルクの生産ができるのか。自給用のジャガイモの収量をどうやって集計するのか。疑問だらけだ。

ジャガイモの場合は、国内の総消費量に対して不足する輸入量によって推測できる。二〇〇四年の輸入量はわずか二〇tだったので、三三〇〇万tが国内、しかもダーチャでの生産とされているわけだ。もしこれがホントなら、国民皆農の社会がロシアで誕生していることになる。

「こりゃあ面白い。よしロシアのダーチャを見に行こう」。私はそう決意した。

ロシア② 観光でダーチャ村界隈に寄ったが……

「ロシアのダーチャを見に行く」。そう決意したものの、しかしダーチャは遠かった。そもそもツテがないのだ。どうやって行くのよ。

旅行会社の新聞広告やパンフレットでロシアが出ていると目を皿のようにして探してみるが、ダーチャの「ダ」の字も出ていないのだ。

こうなると諦めるより恋しさが募るばかりで「ともかくロシアという国に行ってみよう。ダーチャの噂や匂いくらいは嗅げるだろう」。そう考え直して、飲み仲間の百姓五人でモスクワとサンクトペテルブルグの観光のパックツアーに申し込んだ。二〇〇四年の夏のことである。

もう一〇年も昔のことだが、今も記憶に残っていることがいくつかある。一つは興味と関心の違いである。旅行社の添乗員の話によると、二五人のツアーだったのが直前にロシアで小さなテロ事件があり（私はまったく知らなかった）一〇人がドタキャンしたため、結局一五人になったという。つまり三分の一は私たち百姓五人組だ。他はすべて夫婦連れで、昔からロシアのファンのようで、いかにも自分には教養があると自負している感じの人たちだった。とりわけ元大学教授夫妻は夕食のあと夫婦でロシア民謡の「カチューシャ」を原語で歌い、みんなで「コサックダンス」を踊るという雰囲気の旅だった。私はこういう人種が大嫌いだ。私たち五人組はひとかたまりになって背を向け、ウオッカを飲み馬鹿話をして笑っていた。

猫に小判、豚に真珠、どんなに価値があるものでも興味と関心のない者にはなんの意味もない。毎日、宮殿、博物館、美術館、大聖堂、劇場を巡る旅は疲れるばかりだった。とりわけピョートル大帝から始まって、およそ二三〇年間続いた帝政ロシア時代、ヨーロッパの王族から輿入れしてきたお姫さまたちが乗ってきた馬車がやたらと多く、毎日馬車ばっかり見せられたような思いが残っている。

「もう馬車はいい。私は外で待ってる」と言うと「じゃ、私も行かん」とまたしても五人組が集まるのだ。異様なグループに映っただろうが、私たちはダーチャを見にきたのである。そのために来たのだ。

現地ガイドにダーチャの質問ばかりした。なんとか見せてくれるよう頼んだが「ダーチャには入れません」と言う。たしかにダーチャは見せ物ではない。

モスクワの市内観光のあと、拝み倒して帰途、郊外のダーチャ村界隈を通ってもらい、駐車禁止の場所にバスを停めてもらった。

「あれがダーチャです」とガイドが言うと、私たち五人組は後部座席からカメラを持って一斉に駆け出した。しかし、外から見るダーチャは雑木林の中に掘建小屋が点在するだけの風景で、何一つわからなかった。

ダーチャに対してもモスクワとサンクトペテルブルグの現地ガイドは相反する意見だった。

「ロシアは貧しい。だからダーチャがまだ必要なのです」とモスクワのガイドは言った。「給料が安いため二つも三つも仕事を掛け持ちして働いた上に、また土、日にはダーチャで畑仕事をしなければならない。これからは経済の自由化が進むから、ロシアもよくなるでしょう」

一方、サンクトペテルブルグのガイドはダーチャ礼讃派で「ダーチャがなければロシア人は生きていけません。ダーチャでリフレッシュしてこそ働く意欲が出てくるのです」と言ったあとで、「ダーチャで目いっぱい働いて職場で休養している」と笑った。サンクトペテルブルグはこの世のものとは思えないほど美しい街で、金、土、日と滞在したが、金曜日の午後は郊外のダーチャへ向かう車でどの道路も大渋滞で、これを「ダーチャ渋滞」というのだそうだ。土、日の都心部はガラガラだった。

私が緯度に関心を持つようになったのは「本当のロシア人は北緯六〇度以北に住む白系ロ

シア人ですよ」というサンクトペテルブルグのガイドの話からだった。北緯六〇度だぞ。モスクワが北緯五五度、サンクトペテルブルグが六〇度である。緯度の一度は一一一㎞だから、緯度でいえばサンクトペテルブルグはモスクワより五五五㎞北になる。

日本と較べると、最北の稚内市が四五度四〇分。北緯六〇度は稚内からおよそ一六〇〇㎞も北になるのだ。この緯度の高さ、つまり夏が短く冬が長いという気象条件こそがロシアにダーチャが生まれた理由ではないか。乏しい食料で長い冬を越すことの不安、恐怖がロシア人のＤＮＡに組み込まれ、受け継がれている。私はそう考えて納得したものだ。

結局、私が念願のダーチャを体験することになったのは、それからさらに約一〇年後の二〇一三年の夏のことだった。

ロシア③　念願のダーチャ村視察体験へ

二〇一三年八月二二日から三泊四日でダーチャ体験にハバロフスクへ行った。福岡市周辺で貸農園や民宿を営んでいる人たちのグループに加えてもらった。

「ロシア極東ハバロフスク、ダーチャと都市文化視察体験の旅」である。メンバーは女性一人を含む八人。旅行社から届いた日程表の主なものは次の通りだ。

〈八月二二日〉ハバロフスク到着後、現地の日本語ガイドと専用車でホテルへ。〈二三日〉午前、州行政府表敬訪問（文化省、農業局が対応）。その後市内見学、郷土博物館、ダーチャ関連商品、市場など。昼に市内の家庭訪問。都市アパートでの生活とダーチャとの関係など質疑応答、その家庭で昼食。午後ダーチャ村へ。規模や様式の異なるダーチャ村を五か所訪問。ダーチャ村組合表敬訪問。その後ステイ先のダーチャへ分散。ステイ先で夕食。〈二四日〉ステイ先のダーチャ見学と体験。家族の案内で森に入りキノコ狩り。昼食はとれたて野菜を使った家庭料理のミニ講習会。午後、各種ダーチャ村訪問（前日の続き）。夕刻、ロシア伝統の蒸気風呂（バーニャ）を体験。夜は屋外でロシア式バーベキューといった具合だ。二五日は帰国だから、ま、正味二日間の体験だったが、いやあ面白かったよ。いろんなことがわかった。

アクシデントがあった。出発直前になって「州行政府表敬訪問」がキャンセルされた。アムール川の洪水で被害が大きく、忙殺されて対応ができないという。「ウソだろう……」と私は思ったね。いかにもロシアらしい。サービス精神というものがない。それは前回の旅で痛感していたことだ。これでダーチャの全体像、地元の農業との関係などは聞けなくなった。だまされた気分だったな。

さて、極東ロシアと日本列島は日本海をはさんで隣り合っているから、そう遠くはないとは予想していたが、成田空港離陸からハバロフスク空港到着までちょうど二時間だった。アエロフロートロシア航空の小型機で「墓参団」のタスキをかけた一〇人ほどの団体のほかは、日本人は私たちだけだった。たまたま私は窓際の席で快晴だったから下界がよく見えた。日本海から内陸部に入ると間もなく眼下に広大な湖が広がってきた。

「アムール川だな」と私は思った。川というより湖のようだ。大小の島が点在している。

到着してわかったことだが、アムール川の洪水はホントだった。七月に上流で大雨が続き、ウスリー川との合流点のすぐ下流のハバロフスク市で増水し、観測史上最高の八mまで水位が上昇して、川の中洲のダーチャは水没し流失していた。市内の川沿いには土嚢が延々と積み上げられていた。

アムール川は全長四四一六㎞、世界八位の大河である。日本最長の信濃川が三六七㎞だからケタが違う。この川の水で河口のオホーツク海の塩分濃度が薄まって凍結し、流氷となって北海道に押し寄せる。同時に大陸の栄養素を運んで日本の北の海域を豊饒の漁場にしてくれているわけだ。日本人にとってはアムール川サマサマだよ。

ハバロフスク市はハバロフスク地方（人口一三四万人）の中心都市で、人口五七万人。一七世紀、毛皮商で探険家のエロフェイ・ハバロフが開発を始めたことから、彼の名をとって命名されたそうだ。モスクワからは約八〇〇〇㎞も離れているから、ほとんど別の国である。しかし、今ではハバロフスクの人口の八六％がロシア人で、ソ連崩壊時には一部に独立の気運もあったが、結局はできなかったという。市内に日本人墓地とシベリア慰霊平和公苑がある。もちろん私たちも墓参したよ。「百聞は一見に如かず」というが、やっぱり行ってみるものだ。いろいろなことがわかった。

まず、ダーチャはコミュニティだということ。個人が郊外に土地を借り、家を建てて週末農業をやれば、それがダーチャだと思っていたが、そんなものではなかった。州行政府が区域を定めて認可するもので、私たちが訪ねたのは一区画三〇戸から五〇戸で区域ごとに鉄板などで厳重に囲って外部からはアポなしでは入れないようになっていた。内部には自治会があり役員がいて、防犯、環境美化など快適なダーチャの維持管理に努めていた。

ハバロフスク市は北緯四八度だが、とても寒く、一月の平均気温がマイナス四〇度。プラス一八度から三〇度を超えるのは真夏の三か月間で、農作物が育つ期間はその前後を含めて一二〇日しかない。

ところが夏の三か月間学校は夏休みなのだ。夏休みを祖父母のダーチャで暮らす子どもたちの姿があちこちで見られて、それはとても心温まるいい光景であった。

ロシア④　質素だが豊かなダーチャ暮らし

私たちを受け入れてくれたのは、カルブシ（六八歳）・リューバ（六五歳）夫妻のダーチャである。夫は市交通局勤務、妻は幼稚園の先生だったという。定年退職後は夏の間をダーチャで過ごし、冬の間の食料を確保し、冬期間は市内の高層アパートで暮らす。たしかにダーチャは夏の間の別荘でもある。二階建ての立派な家だった。夫婦で二年がかりで建てたそうだ。ダーチャの家は手造りが原則である。私たちには考えられない。

妻とは反対に夫のカルブシさんは寡黙な人だった。短パンにゴム草履でずっと裸で暮らしているらしい。日灼けした分厚い胸のいかにも丈夫そうな体でいつも黙々と何かの仕事をしていた。このダーチャは広くて、標準サイズの二・六倍の一六〇〇㎡（一六a）もあるのだ。二三年前に「買った」という。「権利書もある」とリューバさんはまくしたてる。ソ連邦崩壊の時期である。どうやら国家の大混乱期にうまく立ち回ったような印象だったな。この一帯のダーチャは、敷地の囲いが集団ではなく戸別になっている。たぶん時期がよかったのだろう。

二五種類の野菜と二五種類の果樹を植えているというので数えてみたが、花やハーブの類まで含めるともっと多いようだった。ともかく細かく区切ってびっしりと植えてあるのだ。手入れはよく行き届いていた。野菜に病気や虫がついていないのが不思議だったな。ナスだけにはテントウムシダマシの幼虫。私たちの在所でいう「ジャムシ」がびっしりわいていたが、ジャガイモ、キャベツに食害がなく、カボチャ、キュウリなどのウリ類にウドンコ病がまったくなかった。無農薬栽培を長く続けていくと植物も適者生存でこうなるのか。

私たちの常識でいう果樹は、ブドウだけだった。あとは野生のものを移植した感じだ。零下四〇度に耐えられるどんな果樹かあるのか知らないが、私の目にはそのあたりの雑木林から実のなる木を寄せ集めたようにしか見えなかった。名前などまるでわからない木ばかりだ。農薬や化学肥料は使わないからその条件下で育つ植物だけを植えている印象だな。「へえー」。私は唸ったね。「こんな暮らしなら永遠に続く。まさしくパーマカルチャーだ」。自然界の生命力、生産力をうまく活用して、その恵みによって命をつないでいく。「うーむ。これがダーチャか！」

食事は質素だったな。手作りのパンは毎食出るがメインはジャガイモ料理でトマト、キュウリ、パプリカなどの生野菜がつく。あとは水とコーヒーと自家製のジュース、アルコールなし。肉を食ったのは、バーベキューパーティだけだった。私たちは近くの酒屋からビールやらウオッカを買ってきて飲んだ。

食堂の隣の地下に食料貯蔵庫がある。交渉の末見せてくれることになった。地上はガレージになっていて、地下八mが貯蔵庫だ。夏で八度、真冬でも一度と温度が安定している。天然の保冷庫である。

「一人だけだ」とカルブシさんが言うので、長老の特権で私が主に続いて地下八mへ梯子を下りていった。ひんやりとする。温度計がちょうど八度を指していた。両側の棚にトマト、キュウリ、ピーマンなどのビン詰がずらりと並び、空いている棚の端に以前のものらしい果実酒のビンが数本転がっていた。

私たちは昼食に三年前のビン詰のトマトを食べた。三分着色くらいのトマトだったが、フルーツではなく「おかず」としてはまあまあ食えた。冬が来る前にこの貯蔵庫は食料でいっぱいになるのだろう。リューバさんはブドウ酒、ナナカマド酒、コケモモ酒などの果実酒だけでボトル五〇〇本も作るというのだ。「ね、リューバさん、ソ連崩壊時の話が聞きたい」。私がそう注文したらもう大変。話がとまらなくなって通訳がパニックになった。

その時、夫は四五歳、妻は四二歳の現役だ。

突然給料が現物支給になった。もらった五〇kg入りの砂糖三袋を小袋に詰め替えて子どもたちに売らせて大儲けした話。ダーチャ申請のいきさつ、世相、暮らしと話は続いた。

「そりゃあ昔の方がよかったよ」とリューバさんは言う。「生活の不安も失業の心配もなかった。医療も教育も無料で二人の息子はタダで大学まで出たんだよ。今は豊かになったというけど、若い人たちは職探しが大変なようだよ」

長男は日本車販売の会社を興し、次男は小さな建設会社を経営しており困った時には助けてくれる。夫妻の年金は月額一人一万ルーブル（三万円）だ。

「年金だけでは大変だけど、ダーチャがあるから豊かに暮らしていけるんだよ」。リューバさんはしみじみとそう語った。――イモ（ジャガイモ）植えりゃ、国破れてもわが身あり――ロシアの古い諺である。

ロシア⑤　国のジャガイモ、野菜を賄う底力

『イズベスチア』というロシアの新聞がある。二〇〇四年七月二七日付の同紙にダーチャの具体的なデータが掲載されている。『ダーチャですごす緑の週末』（豊田菜穂子著、WAVE出版）から引用する。調査対象はモスクワ州の都市生活者で、ダーチャ所有家族三二八世帯のダーチャ六〇〇平方メートル当たりの平均収穫高である（社会科学研究所調べ）。

ジャガイモ二四〇kg、根菜類九五kg、キュウリ・トマト一一〇kg、ネギ類・ニンニク五〇kg、イチゴ三〇kg、スグリ類八〇kg、ウリ・カボチャ六五kg、キャベツ二五kg、果物一二〇kg。

これが調査対象のダーチャの平均値である。金額にして一万二三二五ルーブルというから、日本円で約四万円になる。平均月収が六万円前後といわれるロシアの人たちにとっては大きい。だが、自給はGDP（国内総生産）に計上されない。

さて、この数字が信じられるのかどうか。私は信じられるな。ジャガイモは主食だから、どこのダーチャでも植えており、できもよかった。収量は日本で反当たり三t強だから、一〇〇㎡で三〇〇kg。まあその半分くらいは穫れるだろう。むしろ逆に自給用以上は作らないという実態を示す数字だと私は思う。

私たちが訪ねたダーチャ村もさまざまで、医者、薬剤師といった医療関係者のダーチャでは果樹や花が多く、食料自給より週末や休暇のために使われている印象が強かった。豊かになれば別荘として使い、経済危機では究極のサバイバルの武器となるというわけだ。

ダーチャを持たない若い世代は祖父母や父母のダーチャに依存しているようだ。かつての（今でもか？）日本の盆・正月の里帰りのように乗用車にジャガイモや野菜をどっさり積んでダーチャから出ていく若い世代の姿をあちこちで見た。いずれ相続するのだろう。

ロシアのジャガイモの九〇％、野菜の七〇％がダーチャで生産されているというのは大ボラではなさそうだな。

よくわからないのが農業との関係だ。ハバロフスクの州行政府で聞けなかったので自分で調べてみた。およそ次のようになっているらしい。社会主義時代のコルホーズ（集団農場）、ソフホーズ（国営農場）を再編したものが「農業企業体」と呼ばれて約四万経営体あり、平均耕地面積は二四〇〇ha。小麦、トウモロコシ、大豆などの土地利用型専門で、一方で養鶏、養豚をやっている。これとは別にコルホーズから独立した農民の大型経営があり、これが「農民経営」で約一五万経営体。平均面積一四〇ha。「農業企業体」に次ぐ穀物主体農業だ。いずれもジャガイモや野菜は作っていない。

よくわからないのがその次の「住民副業経営」の二〇〇〇万経営体。平均農地面積〇・五haである。

ロシアの総世帯数は五四六〇万（世帯員二・六人、二〇一〇年）だから、これは全世帯の三六％に当たる。これが日本流にいえば農家の自留地だろう。つまり「農業企業体」などに勤めている人たちの「住民副業経営」ということではないのか。ちなみに農林水産業活動人口は六〇〇万人で日本の四倍、アメリカの二・四倍だ（二〇〇九年、世界国勢図会）。

ハバロフスクでも見たのだが、ダーチャとは別に以前から住んでいる人たちの家があり、裏が広大な畑になっている。これが自留地だろうと思ったが、通訳は私の納得できるような説明はできなかった。

ダーチャの統計に肉類やミルクなどの数字が加わるのは、この農家の自留地「住民副業経営」が含まれているのだと思う。そもそもダーチャでは畜産はやれない。しかし「住民副業経営」は定住型ダーチャともいえるわけだ。つまり「住民副業経営」すなわち五反百姓とダーチャの自給菜園を合わせてロシアのジャガイモの九〇％、野菜の七〇％、肉類の六〇％、ミルクの四九％を生産しているということであれば納得がいく。小規模農業と自給菜園で人類を養える実証例として注目されているのだそうだ。こちらは補助金なしだ。「ロシアは軍拡競争ではアメリカに後れを取ったかもしれないが、食料競争においては先を行っているのだ。世界の希望は再びロシアから」とダーチャ推進派は威勢がいい。

農業超大国アメリカでは地下水の枯渇、表土流失、塩類集積などの環境問題の壁に直面し、その一方で国民の七人に一人がＳＮＡＰ（補助的栄養支援プログラム）で政府から一食につき一四〇円程度の補助金をもらってジャンクフードに依存し、医療破綻が社会問題となっている。そのアメリカで大統領が家庭菜園を奨励し、ＣＳＡ（Community Supported Agriculture／地域支援型農業）が広がっているという状況は、まるでアメリカの新しい動きがダーチャとつながっているかのようだ。東西の静かなバトルは農業で再び始まっている。私も小農として生きる自信が深まった。ありがとうダーチャ！

6章

老い楽の
農の身辺 I

少量多品目の「百姓」として

二〇一八年の五月の誕生日で私は満八二歳になる。昔なら「老いては子に従え」の年齢をとっくに過ぎているが、わが家には従うべき子が不在だ。だから今も現役で六歳年下の女房とほそぼそと百姓を続けている。

息子はわが家の農業後継者として県の農業者大学校をへて米国に二年間研修に行った。帰国後、親子で相談して温州ミカンの面積を拡大した。これが裏目に出て三〇歳で転職し、現在は福岡市に住んでいる。家も農業も捨てるつもりはなく、三年前から田植えやミカン園の草刈りなど主な仕事はやってくれているのでわが家の将来の心配はしていない。

後継者がいてもいなくても百姓は元気な間は生涯現役である。八〇歳を過ぎての現役が幸せなのか不幸なのかわからない。ただ腰も曲がらず膝も痛まず耳もよく聞こえ、眼鏡なしで新聞が読め晩酌はうまい。二年前から会員一三〇人の地元の老人会の副会長を押しつけられていてこの行事もけっこう多く、悠々自適どころか多事多端の日々である。つまり年は取っても老後はない。

さて、私の在所は佐賀県唐津市の郊外、玄界灘に突き出た東松浦半島の先端に近い北向きの海辺の村である。九州地図を南北逆にして眺めてみると、鹿児島県の大隅半島先端近く南大隅町の稲尾岳のふもとの海辺のあたりという位置になりそうだ。

地形も農業の形態もよく似ている。もともとは台地の畑作地帯で麦とサツマイモが主産物の出稼ぎ地帯だった。昭和三五年から始まった国と県による農業開発事業の先行モデルが「笠野原畑地灌漑（かんがい）事業」で私も若手メンバーの一人として現地研修に参加したことがある。

私たちの方は「上場（うわば）開発」と呼ばれるが開発の手法も事業規模もほぼ同じだ。「笠野原」が受益面積 四八〇〇ha、受益農家五三八五戸に対し「上場開発」は五二二七haの四九八一戸（事業完了時）となっている。

違いは土壌である。私たちの方はシラスではなく「おんじゃく」と呼ばれる玄武岩が溶解してできる土で、地力がなく農業には適さないといわれていた。そういわれても私たち土着の人間は生まれてくる場所を選ぶことはできない。生まれたところがふるさとであり農家の場合は職場となる。その土地でやれることをやっていくしかないのだ。

佐賀県北部をエリアとする「ＪＡからつ」は正組合員五七五〇人、准組合員一万二六九八人の生産農協で農畜産物の販売高は三〇二億円（平成二八年度）である。内訳は、①畜産四七％、②野菜二〇％、③果実一九％、④直販、店舗七％、⑤農産（米、麦、大豆）六％。

一戸当たりの平均耕作面積は田が五五ａ、畑と果樹園三五ａの合計九〇ａである。

ＪＡの貯金残高は一五〇〇億円で正組合員を一、准組員を二分の一で計算すると平均一三〇〇万円になる。年金のＪＡへの振込額は一一五億円で野菜と果実の合計を上回り、数年後には畜産を抜いてトップになるのは確実だ。それだけ年金受給者が増えていくということである。国民年金主体だから多くはないが、集まれば巨額になる。年金には肥料代も飼料代もかからない。ありがたいことだ。

わが家は分家で私で六代目だが、現在はピークのころのほぼ半分の規模で農業を続けている。棚田六〇ａ、ミカン園五〇ａ、野菜畑一〇ａが中心で、他にウメ三〇本、四〇年生になるレモンの木七本など、少量多品目で年中仕事が途切れないように無収入の期間を作らないように工夫してやってきた。女房はウメ干しをはじめとしてダイコン、ウリ、ハクサイなどの漬け物を周年でやっており、Ａコープや地元の直売所に出している。よく売れる。

もとよりカネは欲しいが、さりとて金儲けが目的ではない。目的はふるさとの土に根を張って代々そこで幸せに生きていくことである。そんな意識を持ち、暮らしを目的として農業を営む人たちを私は自分も含めてあえて「百姓」と呼ぶ。日本列島の津々浦々を支えているのはこの百姓衆である。私の百姓の定義は、①自分の食い扶持は自分で賄う、②誰にも命令されない、③カネと時間に縛られない、④他人の労働に寄生しない、⑤自立して生きる、である。

時の流れに身を任せられない

農作業が忙しくなってきた。わが家では例年通り四月一日に今年の稲の種まきをした。育苗ハウスの換気と苗の水かけが日課として加わった。機械で田植えをするから、それに合わせた苗箱で一五〇箱まいた。一〇a当たり二五箱である。実際には二二箱で足りるのだが三箱は予備である。

田植えは五月の連休である。田んぼの八割が山の棚田で低コストは困難なので、売れる米ということで村全体を早期作のコシヒカリに替えた。四〇年前、米の減反政策が始まった直後のことで、当時村の若者だった私たちが主導して実現させた。当然ながら稲作には水が必要だ。棚田の水源はため池である。昭和初期の経済恐慌の時代に村の先達たちが山頂に大きなため池を造成し、これが棚田の水源となって現在に至っている。

ため池の水を落とすのは五月一日と決まっており、水番が上の田から順に下の田へ水を引いていく。個人の自由は許されない。農村を運命共同体にしているのはこの水である。田んぼは個人の所有だが、使う水は共有財産である。「私は六月下旬に田植えをしたい」と言っても不可能だ。やってできないことはないが、ため池の水は八月一三日に止められるので稲は青枯れてしまうだろう。良くも悪くもこれが日本の農村である。

さて、二〇一八年は国の農政に大きな転換が二つあった。四七年間続いた「米の減反政策の廃止」、もう一つはこれまで国と県が担ってきた稲、麦、大豆の「主要農産物種子法」の廃止である。いずれも農業の根幹を揺るがすような大問題だが、ほとんど話題にならなかった。消費者は農業問題には関心がなく、百姓衆は農の未来にサジを投げているのか村の中で話に出ることはない。私はたまに農業関係のメディアから意見を求められるが、先方に熱気はほとんど感じられない。そこでこの二件についての私見を述べてみたい。

まず「米の減反政策の廃止」は農家にとって朗報なのかどうか。とてもそうは思えない。例えていえば四七年前に家出した恋女房が突然戻ってきたようなもので対応に困惑する。むしろ日本人の主食である米の政策から国が手を引き市場に任せる不安の方が大きい。

学者や評論家の一部には米の生産が増えて価格が下落し「米を作るより買った方が得」という状況が生まれて、小規模・零細農家が米作りをやめるから農業の構造改革が飛躍的に進むと言う人たちがいる。果たしてそうか。米価の下落で打撃を受けるのは大規模農家の方ではないのか。国に代わって民間団体で生産調整をやることになっているが、米の主産地間では生産者間の疑心暗鬼が広がっている。調整がうまくいって高米価が維持されれば、おにぎり、弁当などの格安の業務用米の輸入が増えることになるだろう。

「種子法廃止」はさし当たっては遺伝子組み換え作物の解禁のための準備だと私は見ている。国の言い分は「民間参入を阻害している」というもので、いわゆる「官から民」への流れの中のようだ。民間の参入は当面は賑やかにさまざまな品種が登場するだろう。早くも大手商社が育成した稲をオーストラリアで栽培し、売買同時入札（ＳＢＳ）制度で輸入したという記事が先月の新聞に出ていた。稲作の未来を暗示しているかのようだ。この「種子法」は戦後の食糧難時代の一九五二年に「国民が再び飢えることのないように」と制定されたといわれてきた。それが今、廃棄される。


この二つの制度の廃止は同根である。このような国の政策に対して百姓としては「時の流れに身を任せる」わけにはいかない。ではどうするか。それを議論し生きる道を見つけるために私たちは二〇一五年に「小農学会」を立ち上げた。前にも述べたが、鹿児島大学の副学長から百姓に転じた萬田正治先生と不肖百姓の私が共同代表となっている。離島の多い鹿児島県は在来種、伝統種の宝庫だといわれている。鹿児島市内の農家の会員仲間は地元スーパーと連携して二六品目の在来種の固定化を一六年も続けてやっと完成に近づけたという。萬田先生の「霧島生活農学校」も二〇一八年の春スタートした。

「維新は再び薩摩から」と言えば、ちと言い過ぎになるか？

私が米を作り続ける理由

田植機を買った。田植えと施肥と除草剤散布を同時に行う最新式である。乗用型四条植えで一三八万円。この件では息子と意見が対立した。農機具はシンプルであるべきだと私は考えている。日本の農機具はいろいろな機能がつき過ぎていて、そのぶん値段が高く故障や出費は多くなる。欧米では祖父のトラクターを修理しながら、子や孫が七〇年ぐらい使っているのが普通だ。

私はＪＡに田植えだけを行う機械を注文してすでに現物が納屋に届いていた。ところが息子は反対でＪＡに再注文して取り換えてしまった。老いては子に従えだ。黙るしかない。

だから田植えに必要なのは運転者と苗を手渡す役と苗を運ぶ役の三人だけだ。私と女房はすることがなくなった。せめて家の前の育苗ハウスから軽トラックまでぐらいは運ぼうと出て行くと娘婿が「あ、いいですよ。休んでいてください」と言う。これは田植えから解放されたのか、それとも見捨てられたのか。いろいろと考えさせられた。

半世紀前、初めて田植機を使った時の感動は今も忘れられない。歩行型の二条植えだったが、機械が田植えをするなんて夢のようだった。身体を折り曲げての単調な重労働。「腰の痛さよこの田の長さ、四月五月（旧暦）の日の長さ」と歌われ、日本民族が一五〇〇年もの間引き継いできた田植えの大革命であった。若かった私は技術革新と農業近代化の未来に大いなる希望を抱いたものだった。

しかし、現実はそうはならなかった。その結果が現在の農山村の姿である。

「白い米の飯を腹いっぱい食ってから死にたい」と夢見たのは昭和一ケタ生まれの世代で、それが可能になった東京オリンピックの年までわが家は麦飯を食べていた。裸麦を作っていたし何より米は貴重な換金作物だったから農家では麦や芋を食べて一粒でも多く米を売ったのである。

古い話だが、私が結婚した昭和三六年の生産者米価は一俵（六〇kg）四二八八円。この年離農して消防署に入った親友の初任給が六〇〇〇円だった。米一俵半分である。その後米の値段がどれほど低下したか想像してみてほしい。

仮に白米五kgで二五〇〇円で計算してみるとご飯一膳（一五〇g）の白米の量は65gだから米の原価は三二・五円である。それでも米の消費は今後毎年八万tずつ減り続けていくという。水田の四〇%を減反して外国の米を輸入する国である。お米の価値は地に落ちた。そんな米を小規模農家が作り続けるのはなぜかという質問をよく受ける。私の答えはこうだ。

まずは田んぼがあるからだ。これはこの地で代々生きていくために先祖から引き継いだ生存の基盤である。できることなら自分の代だけでなく子の代、孫の代もそうあってほしい。その土台が農地であり田んぼなのだ。だから儲けのための米作りではなく暮らしのための仕事なのである。現在の生産者米価ではほとんどの農家が赤字である。売るから赤字になるのだ。売らなければ損はしない。ではどうするか。自分で食うのである。

もっといえば、いよいよの時には自分の分だけしか作らない。食べる時は消費者米価だから損はない。そもそも損得だけで食を考えるべきではない。わが家の六〇aの米は私たちの三人の子どもたちの家族とわが家で食べる残りを売っている。

たしかに生活していくためにカネは必要だ。しかし米は生きていくためになくてはならない主食であり、この国の風土に適した作物なのである。序列を間違えてはいけない。古い百姓の私はそう思うのである。

田植えのあとのバーベキューでの「さなぶり」の時に息子がこう言った。「米は作るより買った方が安い。だが田植えをすると親が喜ぶから親孝行のつもりでやっている」

息子一家が引き揚げた翌日、女房と田んぼを見て回った。気に入らない。田んぼの四隅が植え残されている。機械が通らないところには肥料がなく、通った跡は除草剤がまかれているから苗を植えても育たないという。それでも女房と補植をして回った。指先に伝わるひんやりした土の感触にやっと今年の田植えを終えた気分になった。

「農」と「業」に分けて考える

九州北部の玄界灘沿岸の私たちのところでは雨の降らない日々が続いていた。五月の初めと終わりに二回降ったきりで畑の野菜に灌水(かんすい)をするほどだった。

日記をめくってみると、二八日の雨を「干天の慈雨」と書いている。この日「九州北部梅雨入りの模様・平年より七日早い」と発表された。しかし六月に入っても雨は降らず一一日にやっと少しまとまった雨が降っただけだった。

経験則からいえば、こういう年は月末から七月初めにかけての集中豪雨か、さもなくば梅雨が長引くことが多い。いずれ雨は降るが、どう降るかがとても気掛かりだ。まったくのところ照って心配、降って心配、吹いて心配、何もなければないでこんなはずはないとまた心配。百姓の暮らしに心配の絶える時はない。

私たちの心配をよそに農作物はそれぞれに勢いよく生育している。とりわけ田植えから一か月を過ぎた田んぼは一面に緑のじゅうたんを敷き詰めたように美しく、田の面を渡ってくる風はさわやかで田の中のオタマジャクシを食べているシラサギの姿が風情を添えている。この緑の中の川沿いの舗装道路は近年格好のウオーキングコースになっており、毎朝多くの人たちが歩いている。これは今では当たり前の風景になっている。

ところがこの道は、実はわが家の主要な通勤道路なのである。約二km先のどん詰まりにわが家のまとまった棚田がありミカン山もあったので毎日のように往復していた。ミカンは別の畑に移したが、村の共同作業の道普請や農道の草刈りではわが家はこの道の担当だ。

その道を農業とは関係のない人たちが大手を振って歩くということが私は愉快ではない。はっきり言って不愉快だ。片側に駐車しているところで人に出会うとスピードを落とすか、いったん停車して待つことになり、そんな時には「どこか別の道を歩け！」と怒鳴りたくなる。

親しくしている近所の先輩が定年退職後、夫婦で長らくこの道を歩いているので、ある朝、自家用の軽トラックを止めて「あのね、ここは俺たちの職場の中だよ。人の職場の中をみだりに歩くな」と言ってみた。すると先輩は「何を言うか、ここは天下の公道だ。誰が歩こうと勝手だ」

「いや、ここは公道ではなく農道ですよ」と言いかけて私はやめた。一般の人にその違いを理解させることは困難である。そこで「歩くのはかまわん。だがただで風景は見るな」と言うと、敵もさる者。

「あのな、おれは弱視で風景は見えんのじゃ」。そう言うので二人で大笑いしたことがあった。

もし、村の田んぼが大農場の私有地か会社の所有地だったら、まわりをフェンスで囲って「立ち入り禁止」の札が立つところだ。オープンスペースになっているのは、小規模の多くの農家が利用する共有の通勤道だからである。当然、農家で維持管理しているのだが農家の激減でそれが難しくなってきている。減った分の負担が残った人たちに回るからだ。

さて、そこで農業を「農」と「業」に分けて考えてみた。「農」とは直接収入にならない仕事、「業」は稼ぎの部分である。私の計算ではわが家の農業では「農」が七割、「業」が三割である。例えば田植えと施肥と除草剤散布を同時に行う田植機で息子が田植えをした田んぼの中には仕事はないのだ。水の見回り、畦草刈り、イノシシよけの電気牧柵張りなどは米の生産量とも米価とも関係のないただ働きの仕事である。

「息をのむほどに美しい棚田の風景」と言った人がいるが、これは百姓のただ働きが作り出した「農の風景」にほかならない。これらを以前は農業の「多面的機能」と呼んでいた。

農業がそこに存続することによる機能は「洪水防止」「河川の流況安定」「地下水涵養（かんよう）」「土壌浸食防止」「土砂崩壊防止」「有機物分解機能」「気象緩和」「保健休養・やすらぎ機能」などで、その総額は年間八兆円超と試算されている。

農業が結果として貢献している事実が、このごろ忘れられているような気がする。食料は輸入できても環境は輸入できない。ともあれ当面は今年の梅雨の平穏を祈るのみである。

百姓が畑の中で転んで……

原稿を病院のベッドの上で書いている。二〇一八年七月一七日に入院したから九月三日で四九日になる。まだギプスが外れない。病院は唐津市の中心部の閑静な官庁街にある。五階建ての病棟の四階の四一〇号室に二五日間いた。今は三階の三〇八号室に移っている。

今年はモーレツに暑い夏だった。「猛暑」の上に「危険な暑さ」なる新しい表現が登場し、八月だけで台風が九個も発生する異常さだった。しかし、私の地域には雨も風も訪れず毎日猛暑と残暑が続いた。

見舞客が「わぁ、ここは涼しか、天国ばい」「避暑に来たようなもんじゃなかか」とみんな言う。たしかに室内温度は二六度に設定され、上げ膳据え膳の至れり尽くせりのサービスで言うことはない。しかし、楽しみというものはまったくない。

発端はまるで冗談のような一瞬だった。山の畑のトウモロコシに防鳥ネットを張っていた。網の束を抱きかかえて後ずさりに張っていたら垂れ下がったネットに足をひっかけて、それこそ石の地蔵さんが倒れるように仰向けに倒れ、カチカチに固まった土で後頭部と腰を打ってしばらくは息ができなかった。百姓が畑の中で転んでけがをする。なんということだ。そのふがいなさに笑ってしまった。笑っているうちに涙が出てきた。

たちまち村の評判になるので救急車を呼ぶのをやめて、翌日女房が運転する軽トラックの助手席に乗って病院へ行った。「第二腰椎圧迫骨折」で全治三か月との診断で即入院となった。三か月である。気が遠くなった。しかし、もうその半分を過ぎた。夏祭りが終わり、お盆が過ぎ、私の村では早期米のコシヒカリの稲刈りが始まっている。

ようやく病院生活にも慣れ、友達もできて私も内部事情にかなり詳しくなった。

この病院はもともとは整形外科専門の医院だったが、人口の高齢化と共に成長して現在は外来診察の三階建ての本館のまわりに私たちのいる五階建ての入院病棟と、三階建ての介護施設を備えた病床ベッド数一四七床、職員数二〇〇人の医療法人となっている。職員の四〇人はリハビリ専門職でみんな若い男女だ。

一番驚いたのはこの病院がやたらとはやっていることだった。文字通り千客万来で一日に救急車が三台も来ることがあり、外来病棟では午前八時半の開診なのに六時には玄関前の駐車場が満杯になっている。

まず外来で診察を受け、入院が必要な者は入院病棟の四階に来る。それから三階二階と下りて来院の時と同じ状態に回復すれば退院となる。退院できない人が要介護となれば隣の介護施設に移るという患者の流れだ。

リピーターが多いのにも驚いた。同じ日に入院して四階で二週間同室だった七七歳の貨物船の元機関長はこの春、左手親指の腱鞘(けんしょう)炎で九〇日間入院していたという。その後左手をかばいすぎた結果、右手を痛めて今度は右手親指の手術をした。こういうケースが多く、中には一六回入退院を繰り返した人もいるそうだ。

高齢人口の増加と共に、「骨粗しょう症」の患者が増えている。民間機関の統計によれば、患者数は推定一三〇〇万人(二〇一四年)で「国民病」といわれてきた「糖尿病」を追い越し、しかもその約八割が女性である。閉経後急速に骨量が減少するためだそうで、五〇歳代で二〇%、八〇歳では五〇%が患者だという。患者とはなんらかの形で医療サービスに代価を支払っている人のことである。

私が入院している病棟はまさにその縮図で、入院患者の男女比は二対八である。白髪の老女が多い。毎日毎日、懸命にリハビリに励んでいるのである。寝たきりになれば行き先はわかっているので必死なのであろう。命尽きる日までの人生最後の苦闘で、その姿には鬼気迫るものがある。

「無駄な抵抗ですよ」と元機関長は言う。「今さら二歩、三歩自分の足で歩いたとてどうなるのよ」

たしかにそれはその通りであろう。しかし、それは元気な人が言えることであって、もし自分がその立場になった時、そう言えるだろうか。毎日こんな光景を眺めながら私はリハビリと同時に現役復帰に備えて筋トレをやっている。退院は月末になりそうだ。

入院生活の発見あれこれ

長い間の入院生活を終えて予定通り九月末に七四日ぶりにわが家に帰ってきた。

私はこの玄界灘沿いの海辺の村の農家の長男に生まれ、この地で生涯百姓として生きてきた。日の出と共に起き、日の暮れと共に憩う。晴耕雨読、自産自消をモットーに人間らしい暮らしを目的とした小農を意図的に営んできた。そんな私にとって今回の入院生活はまるで別世界に迷い込んだような刺激的な体験であった。その核心部分を三つにまとめてみた。
①病院での私の日課はリハビリであった。一階の広いリハビリ室では若い専門職員がついて一日じゅういろいろな訓練が行われている。高齢で難聴の人が多いから若い療法士と患者の声高な会話がいやでも耳に入ってくる。

ある日、隣のベッドでの会話に「大谷くん」という名前が親しそうに出てくるので、祖母と孫ほどに年齢の違う二人の故郷が同じなのか、あるいは縁戚関係にあたる共通の話かと思っていたら、なんと米国の大リーグで活躍している大谷翔平選手のことであった。「天は二物を与えずというから大谷くんもバット一本でやった方がいいね」と老女が言い、若者が同調して会話が大いに盛り上がっているのだ。これには驚いた。

グローバリゼーションという言葉は一九八九年にベルリンの壁が打ち壊され、一九九一年にソ連邦が崩壊したあと、これで世界が一体化するという意味で使われ出した。同じころ、英国のある環境団体がこれを「資本対民衆の新たな世界同時戦争の始まりである」と定義して、弱肉強食、ジャングルの掟が世界を支配する時代になると予言していた。

あれから約三〇年、本当に世界は近くなった。逆に遠くなったのは隣である。農村でさえ独り暮らしの高齢者が亡くなった数日後に発見されたという話が聞かれるようになり、新聞でまず目を通すのは「おくやみ」欄だという人が多い。まさしく、「世界は近く隣は遠い」世の中である。私たちはどこへ向かっているのだろうか。

②病院でのサービスは至れり尽くせりだった。四人部屋の私のベッドに出入りする人があまりに多いので入院八日目の七月二四日に記録してみた。午前六時三〇分の「顔ふきタオル」に始まり「お茶」「朝食」「骨の注射」「部屋掃除」「検温」「回診」「レントゲン」「テー

ブル拭き」「リハビリ」「お茶」「昼食」で午前中。午後もいろいろとあり、その日、出入りした人の数の合計が二二人。同じ人かどうかはわからなかったが男性が二人であとは女性だった。これとは別に週に一回、ベッド上での「洗髪」と風呂場での「洗足」がある。とりわけ「洗足」は足の指の一本一本まで丁寧に洗ってくれるのである。こんな体験は初めてだった。

申し訳なくて「両親や亭主にこんなことをしてやったことはあるのかい？」と聞いたら、三〇歳前後とおぼしき女性が「冗談じゃない。誰がそんなことしますか。仕事だからやっているんです」と吐き捨てるように言った。

昔は暮らしの土台を支える仕事は主婦の役割だった。しかし家族のためにやっても報酬を払ってくれる人はいない。自家用はタダ働きなのだ。だからこれを外部化して他人のためにやる。私はこれを「家庭内サービスの商品化」と呼んでいる。これによって所得は増えるだろうが、一方で家庭から失われたものも多い。経済成長は私たちを本当に豊かにしてくれているのだろうか。

③リハビリの専門職がほとんど若い人なのは三年前にこの病院が一挙に三〇人を採用したためだそうで地元は少なく県外の人がほとんどである。全国どこでも同じだろうが地方都市に若者の職場がない。当分は増え続ける高齢者の世話が主要産業となっていくのだろう。

かつて「ジャパン・アズ・ナンバーワン」と呼ばれた時代からは考えられないような産業構造の変化だ。当人たちはそんな時代を知らないから明るく元気に働いているが、いずれこの人たちも五〇代、六〇代になっていくのだ。

……とまあ、いろいろと考えさせられた入院生活ではあった。私は昨日、山の畑に女房とスナップエンドウの種をまいてきた。

「百姓の幸せとは何か」を突きつめると……

私は若いころから農業・農村の現場報告を書いてきた。特別に意識したことはないが結果的に政府の農政を批判するものが多かったようで、そんな私に対する批判は「お前の書くものは批判ばかりで提案がない。批判するなら対案を出せ！」というものだった。

私の答えはこうだ。「目を覆いたくなるような農村の現状は、これまでのあまたの提案の結果である。そんな提案をする気はない。対案も出さない。その代わり私はこれからも百姓として生きてみる。もし生き残れたら、それが私の提案である」

そして、とにもかくにも八二歳の今日まで百姓として生きてきた。考えてきたことはただ一つ「百姓の幸せとは何か？」だった。規模拡大、大規模化がその条件だという幻想を捨てたのはかなり早い時期だった。

日本では農業の経営規模が小さいから農家は貧しいと信じられていて、私も含めてみんなで規模拡大を目指していた。が、同じころアメリカでは大規模農家が農業では食えないと嘆いていたのである。

一九八四年の秋、私は初めてアメリカの農業を見た。長男が二年間の派米農業研修生としてオレゴン州の花き園芸農場で働いていた。私は研修生の保護者の訪問団団長だったから、行く先々で代表質問をさせてもらってとても勉強になった旅だった。

息子二人との家族経営で、一五〇〇haの小麦農場を訪問した時だ。経営主のおやじさんが「農業では食えない」と私たちに訴えるので仰天した。小麦の過剰生産が続き、相場が下落して業界の申し合わせで二〇%の減反をしているという話だった。

奥さんが美容院をやっていた。といっても一人で一五〇〇haもの土地の所有が許される国だから周辺には人は住めず、町の人口はわずか一五〇人。そのため美容院は週に一回日曜日だけやっていた。

規模が大きい農業が強いというのは幻想なのだ。私は別の道を目指すことになった。

しかし、日本では今も相変わらず農業の産業化拡大路線で、私の友人の中にも「農業賞」

の受賞者が何人もいる。行政から「意欲的」とのお墨付きをもらってさらなる拡大を目指す者もいる。だが、彼らの人生が楽しそうには見えない。うらやましいとも思わない。だからみんなまねをしないのである。

私はそんな仲間たちに言う。「田んぼを半分に減らせ」「牛の数を半分にしてみろ」。そうすれば別の世界が見えてくる。しかし、これは難しそうだ。

農業の近代化、産業化とは農業の工業的生産システム化のことである。まず単作にする。機械化する。そして規模拡大をしていく。そのたびに施設も投資も増えていくから、途中で路線変更も引き返すこともできず倒れるまで進むしかない。これが大規模農業の宿命だ。

工業や商業ならそれでもいい。が、農業には不労所得がなく一円のカネでも身体を削って稼がねばならない。そして稼いだカネは税務署に払うか飲み屋に払うか、医者に払うか坊さんに払うかである。そんなカネを稼ぐために一つしかない命を削るなと言いたいのである。

政府は「農政改革」の名のもとに企業的農業経営を育てようとしている。しかし、これはうまくいかないだろう。大規模農業では地域社会が維持できず、地域社会なしには大規模農業も存続できないからである。そしてこれは日本だけの問題ではない。株式会社が農業生産の主流を担っている国は世界じゅうにない。米国でさえ農業の七〇%が日本で言うところの兼業農家である。農家の兼業化、複業化は今や先進国の農家のトレンド(傾向)になっている。

理由は簡単だ。どこの国の農民も生きていくために農業をやっているのであって、農業をやるために生きているのではないからだ。

国連の統計によると、世界の農家の九〇%が家族農業で全人類の食料の八〇%を生産している。これは農業の構造改革が遅れているためではなく、命を育てる農業は家族農業が適しているということの証左だろう。国連は二〇一九年からの一〇年間を「家族農業の一〇年」と定めて加盟国に家族農業重視の政策を呼び掛けていくという。小農よ自信を持とう！　幸せな百姓を目指そう！

「農なき国」は「食なき民」になる

およそ半世紀ぶりに日記をつけた。一日も休まずに書いた。理由は単純だ。連載欄を執筆することになったら新聞社から立派な日記帳が送られてきた。捨てるにはもったいない。さりとて日記帳以外に使い道がない。

実は若いころから一九六五年（昭和四〇）まで作業日誌付きの農業簿記をつけていた。それ以来だから五三年ぶりの日記ということになる。ところが二〇一八年は私にとっては生涯で最低最悪の一年だったから、それらの日々を克明に記録した忌まわしい記念誌となった。

発端は一月の急性肺炎だった。風邪気味だったので村の医院に行ったらレントゲンの結果、即入院となった。救急車で運ばれたのは生まれて初めてである。体調は悪くはない。「ピーポピーポ初荷はどこのどなたやら」という川柳を思い出した。

救急車はありがたい。連絡を受けた市内の総合病院では救急医療班が待機していてすぐに対応してくれた。一週間で退院の許可が出たが、女房が「せっかく入院したのだから。外は寒いよ」と言い出して三日間延長してもらった。

ケチの付き始めは忘れもしない七月一六日。山の畑のトウモロコシに防鳥ネットを張っていてネットに足を取られて転倒したことだ。「第二腰椎圧迫骨折」で全治三か月。実際に入院したのは二か月半だがこれは長かった。

やっと退院して、定期検診を受けている総合病院でCTを撮ったら異常がありPET検査へ。そこで大腸がんと肺がんの再発と、新たに脳に病気が見つかった。まずは脳外科で手術。頭蓋骨と脳の間に血がたまり脳を圧迫して反対側の手足がしびれる症状で「慢性硬膜下血腫」なる堂々たる病名があるのだ。足がふらつくのはこれが原因だった。

一一月下旬には大腸がんの手術。そして年明け早々に肺がんへの対応が待っている。次から次へこれでもか、これでもかというように襲いかかってくる。私はこれまで健康が自慢の人生だったのである。

「どうしてこうなんですかね」と医者に問うと「長生きするからですよ」と、わが息子より若い医者が言う。「七五歳で死んでおれば今の病気は経験しなくて済んだのです」

あ、なーるほど。そういうことか。すとーんと言葉が胸に落ちた。これは長く生きる者の試練なのだ。まだまだ八二歳。ネバーギブアップ、なんでも来い！　私は今そんな気分で生きている。落ち込んでなどいない。

さて、農業である。二〇一八年一二月三〇日に環太平洋連携協定（ＴＰＰ）が発効する。いよいよである。もう忘れた人も多いだろうが、これはカナダ、アメリカ、メキシコ、オーストラリア、日本など太平洋をぐるっと囲む一二か国の自由貿易協定で二〇一〇年、当時のオバマ米大統領の主導で交渉が始まり、日本は民主党政権だった。当時の菅直人首相はＴＰＰへの参加を「第三の開国」と表現し自民党は反対していた。農林水産省はこれで日本の食料自給率は一四％まで低下すると発表した。

ところが、安倍政権になると反対していた自民党が推進に回り野党が反対している。米国はトランプ大統領になって離脱し二国間交渉でそれ以上を要求し、結局残りの一一か国での発効となった。私たちはパフォーマンスではなく本気で反対してきたし今も反対だ。理由を一言で言えば、いよいよ強い者勝ちの世の中になるからである。ジャングルの掟が共通ルールになる。これは目指すべき社会ではなく、阻止すべき未来ではないのか。

日本は人口が一億人超の人口大国なのに食料自給率は三八％。国民一〇〇人のうち六二人が外国の農産物で命をつないでいる異常な国である。こんな国は世界じゅうにない。その異常さを政府も国民も異常と思わない異常さ。ＴＰＰは日本の食料自給率をさらに低下させ、農家の経営を破綻させるだろう。私たち小農百姓は生き残る。儲けもない代わりに損もない。そもそも経営をやっていないから倒産はない。これは強いのである。

私が定める百姓の定義は、①自分の食い扶持は自分で賄う、②誰にも命令されない、③カネと時間に縛られない、④他人の労働に寄生しない、⑤自立して生きる。いずれ日本人は「農なき国の食なき民」になる。これは危うい。みんな百姓になろう。

有機農業は世界標準に

「第23回火の国九州・山口有機農業の祭典inさが」が地元佐賀県で開催され、私は「有機農業の未来」の演題で講演をした。参加者二〇〇人、女性と若者の姿が目立った。私は有機農業はやっていないが友人のほとんどは実践者で、古くは山形県の星寛治さんをはじめ有機農業の友は全国にいる。地元にはいない。佐賀県は有機農業後進県だそうで、県推進協議会が結成されたのが二〇一三年で現在の会員は九〇人。汚名返上に県も力を注いでいる。

有機農業は農業を本来の姿に戻そうという運動だと私は理解している。日本では一九七一年に「日本有機農業研究会」が結成され、有吉佐和子さんの小説「複合汚染」を機に広範な運動となった。農業への化学物質の過剰投入は先進諸国の共通の問題であり、欧州連合では遺伝子組み換えを認めず、成長ホルモン使用を理由に米国産牛肉の輸入を禁止している。

途上国の農業は経済的な理由もあり、オーガニック志向だ。私は数年前にパレスチナのオリーブの極端な隔年結果対策で現地を訪れ、私たちが使っているミカンの摘果剤の使用を提案したら「ヨーロッパ輸出だからホルモン剤はダメだ」と却下された。

アメリカと日本だけを見ているとわからないが、オーガニックは今や世界標準なのだ。二〇二〇年開催予定だった東京オリンピックの選手団の食事に日本の有機農産物をという要請が国際オリンピック委員会（ＩＯＣ）から日本政府に届いているそうだが、当然のことだろう。

さてその日本の有機農業だが、二〇〇六年に「有機農業推進法」が制定され、飛躍的な発展が期待されたが一向に拡大せず、逆に弱体化しており、耕地面積で〇・四％、実践農家で〇・五％、生産物で〇・三五％程度だとされている。

農政に連続性、一貫性がないからである。政権が代わると農政の理念まで変わるようでは育つものも育たない。有機農業、地産地消、フードマイレージ（食料の生産地から食卓までの輸送距離と環境負荷に着目した指標）、環境保全型農業などはもはや過去形になったかのようだ。有機農業と地産地消は私たち小規模農家が環太平洋連携協定（TPP）と戦う強力な武器である。踏ん張ってほしい。

衝撃だった大百姓の廃業

農家がどんどんやめていく。このことが、日本農業が産業として生まれ変わる大きなチャンスである。こう主張する人たちがいる。しかし本当にそうだろうか。少なくとも私の村の現実からすると、虚言、妄想の類いとしか思えない。

私の住む集落は旧村の中心地だから大きく、世帯数三〇〇。農家が一二〇戸で農道の草刈りや水路掃除に出てくる人が八〇人。後継者がいる専業農家が一〇戸。イチゴと葉タバコが主産物だ。私たちが言う「村」とはこの範囲のことで、今でも「村公役」「村集会」のように使っている。

さて、そこで村の農地を一〇戸の農家に集積したらどういうことになるか。産業化どころか経営が立ち行かなくなることは明白だ。だからそういうことにはならない。ゆえに村は持続しているのだ。

これとは逆のことが私の村では起きている。二〇一六年の春、村でナンバー1とナンバー2の大百姓が廃業したのである。このことは村中に大きなショックを与えた。両家とも村の名家、いわゆる素封家で、農家として何十代も続いてきた家柄であり、当然村の指導者でもあった。その両横綱がコケたのである。

まさに変われば変わる世の中。私たち年配の者には驚天動地の衝撃だった。一方は転業し、一方は公務員。兼業農家、自給農家と縮小していくのではなく、スパッとやめるところがいかにも現代っ子である。見栄(みえ)も恥も外聞も共生もへチマもない。

ナンバー1の家の当主は私より二歳年上の八三歳。青年時代から村のリーダーで私の尊敬する先輩であり、今もよき飲み友達である。飲みながらショックの大きさを尋ねたら、「ジサマ（祖父）が夢枕に立った」と言いながらも「しかし若い者のすることにいろいろ口を出してはいかんのだ」とひたすら忍の一字。本人は老妻と二人で直売所の野菜作りに励んでいるが、農地を借りる人がいないことが問題だ。借り手がなくては農地中間管理機構も役に立たない。

二〇一七年も連休にわが家の田植えは終わった。早苗がそよぐ田園風景の中で、一人黙々と取り残された田んぼの雑草を刈っている先輩の姿に涙が出た。

農業は夢を育てる仕事

「小農学会」の現地検討会で会員の橋口農園（鹿児島市）を訪ねた。「小農」とは暮らしを目的に営む小規模農業のことで、二〇一五年に私たちが結成したのが「小農学会」である。初めての勉強会に各地から六〇人余りが集まった。

農園を見学後、橋口夫妻と息子さんを囲んで意見交換を行った。私は感心し、感動した。この年になるまで農業界ではこんな話は聞いたことがなかった。一言で言えば、橋口孝久さん（六六歳）がやってきたのは「社会運動としての農業」なのだ。

熊本県水俣市と隣接する鹿児島県出水(いずみ)市で生まれ育った孝久さんは自身の体内から通常の二倍の有機水銀が検出され、大学では公害防止や水俣病患者救援活動に積極的に関わってきた。このことが彼のその後の人生を決定する。

三〇歳で教師をやめ、現在地で田一五a、畑一〇a、ニワトリ一〇〇羽で念願の農業を始めた。もちろん有機農業である。以来三七年目の現在、水田 四・五ha（借地）、畑一・五ha、山羊五頭、アイガモ八〇〇羽、地元農家六〇戸の稲の青苗一八〇〇箱、農作業受託。その一方で、年間延べ二〇〇人のパートを地元雇用している。

アイガモ稲作は長年続けている幼稚園児から大学生までの「食農教育」の教材。「かごしま合鴨米生産クラブ」（会員は県内一五戸、うち地元五戸）の地元産米は、全量が地区内の三つの保育園に提供される。「かごしま無農薬野菜の会」（県内会員二〇戸、地元会員六戸）の野菜は、県内大手のスーパーとの全量買い取り制の契約栽培で、今も孝久さんがこの二つの会の代表を務めている。

関係者の懸案だったアイガモの処理については食肉加工施設を自宅に造り、許可も取得した。一〇年以上丹精してきた県伝統野菜の種子の固定化もほぼメドが立ち、現在二六種類を栽培し種子を保存している。この普及が夢だという。

長男の創也さん（三一歳）は大学院生のころ、半年間のドイツ留学で世界観が変わり、逃げ出すつもりだった両親のもとへ戻ってきた。「畑の寺子屋」と称して体験農園を始めて七年目を迎えた。いろいろな農業にそれぞれの夢がある。農業とは本来夢を育てる仕事だったのだ。

安全・安心の田舎暮らし

どこにも行かず、誰も来ない日々が二〇二〇年は三月、四月と二か月間続き、五月に入った今も継続中だ。言うまでもなく原因は新型コロナウイルスの感染症だが、まだ終息が見えず、どうやら長期戦の様相になってきた。

村の中でもすべての行事が中止になったままでなんの動きもない。私たちの老人会も総会も例会も行事もすべて中止。六月には通常の行事が復活する予定になっているそうだが、その時の状況次第ということだろう。

だから私自身、二か月間どこへも行かず、村内を含めてわが家を訪ねてきた人は一人もいなかった。いやいや驚いた。こんなことが現実に起こり得るのだ。それで気がついてみたら財布の中身がほとんど減っていなかった。それで別にどうということはないのだ。日常生活に不便なわけでも不自由するわけでもない。これはいったいどういうことだろうか。

おカネは社会の血液といわれマネーが常に流通、循環していないと社会は存続できない。これは社会の常識で誰だって知っている。

ところが、そのマネーが回ってこなくても別にどうということもない。痛くもかゆくもない。もちろん私だってカネは欲しいし、ないよりはあった方がいいとは思う。しかし、その一方では使わないカネはないのと同じだから、そんなに多くはいらないとも思う。

いろいろと考えた末に私が辿り着いた結論は、農家の暮らしはカネだけに依存しているわけではなく、モノに依存している割合が高いということだ。

モノに依存している割合が高いほどカネはいらないのだ。そしてそれこそが本当の豊かさであり強さなのだ。新型コロナウイルスが教えてくれているのは田舎暮らしの安全・安心と食を生産しながら生きることの盤石の強さ。そういうことではないだろうか。

消えようとしている水田の生物多様性

ツバメがいない。そう感じるほどに数が減っていると思う。毎年この時期にはわが家の納屋で生まれたツバメたちが巣立ちの飛行訓練をするのだが二〇二〇年はその姿はない。数えてみたら納屋の天井にツバメの巣が九つあり、昨年はその中の三つが使われていた。今年はみんな空き巣でこんなことは初めてだ。四月初めに数羽が出入りしていたが、その後、姿を見せなくなった。ツバメの減少は全国的な傾向のようで、そもそも飛来数がピーク時から四割減だとか。新建材の家が増えて巣の土が付着せず家主も巣を嫌うためツバメは未曽有の住宅難だとの説もある。

ツバメやスズメが人家に巣を作るのは外敵から身を守るためだ。人間に拒絶されれば自然界の弱肉強食の危険に身をさらして生きるしかない。ツバメはもとの巣に戻る習性があるといわれる。ならば納屋の九つの巣がまったく使われないのは不可解だ。ほかに理由があるのかもしれないがそれはわからない。

ツバメの食料事情を知りたくて久しぶりに田んぼに入ってみて驚いた。田植えから一か月が過ぎた田に生き物の姿がないのだ。オタマジャクシもアメンボもゲンゴロウもミズスマシもユスリカもヤゴもクモもいない「沈黙の田んぼ」だ。私たちがグループで行った「田んぼの生きもの調査」（二〇〇七年）では、西日本の田んぼの平均で一〇a当たりの動物・昆虫の数は一七〇〇種を超えていた。

六月初旬の宵、女房に誘われてホタルを見に軽トラで出かけた。村外れの二級河川橋本川を三㎞上流の橋まで行った。ホタルは満遍なく飛んでいた。ところがカエルの声がないのだ。とりわけイチゴやトマトのビニールハウスの周辺の田んぼは静まり返っていた。水田の生物多様性が消えようとしている。益鳥として代々大切にされてきたツバメの減少は何を語りかけているのだろうか。

「ヒマ暮らし」は生活必需品

「ヒマ暮らし」という言葉がある。九州北部の私たちの地方では「ヒマ費（つ）やし」と言い、福岡県に入ると「ヒマ暮らし」になる。その意味するところは自分の時間をムダにすること。ボランティアではなく「役目」としての浪費である。

農村の暮らしには昔からこれがやたらと多く「自助」「共助」を支えてきた。そのためのいろいろな組織があり、すべてに役員がいて村の生産と生活をサポートしている。とりわけ人生の働き盛りの年齢のころに役職が集中してくるので「ヒマ暮らし破産」の危機に陥った例もある。もちろん私もその中で生きてきた。

さて、そこへ新型コロナウイルスである。首相の要請があった二〇二〇年三月以降「不要不急」の用件以外の自粛が広がった。過剰反応と思われるほどに現場では徹底していて、私の地域では三月の年度末総会をはじめとしてそれ以降の行事はすべて中止。夏祭りも盆踊りもなく、秋の「おくんち」もスポーツ大会も取りやめで「なーんもない」一年となってしまった。

つまり長い歳月続いてきた「ヒマ暮らし」がすべて中止になり、個人を縛るものがなくなった。私たちは生涯で初めて習慣から解放されて完全に自由の身となったのである。毎日がすべて自分の時間という日常を手に入れた。

ところが、さて、そこで困った。初めてのことで自由になってしまった自分の時間をどう消費していいかわからない。個人的な予定や計画は立てられるが、それは他人と共通ではなく、そもそも共に出かける人も目的地もその大義名分もない。

やむなくの巣ごもり生活で、これが八か月目に入る。これまで暮らしの障害と思ってきた「ヒマ暮らし」が言ってみれば「無用の用」とでも呼ぶべき「生活必需品」であったことをコロナ禍が教えてくれたのではないか。私はそう思っている。

7章

老い楽の
農の身辺 Ⅱ

ブドウの女王に恋をして

恋をしている。夢中である。間もなく生涯を終えようという老体に、まだこのような情熱の残り火が埋もれていることが不思議なほどだ。新型コロナ禍も自粛生活も眼中になく、ただただ恋一筋の半年だった。

相手はもちろん人間ではない。植物、そうブドウのシャインマスカットという品種である。私はこのブドウに一目惚れして、どうしても自分で栽培したくなり、とうとう家の前のハウスに一本植えたのである。二〇二〇年が二年目で初めての収穫になる。五月上旬に開花が始まって以降、毎日、それこそ朝、昼、夕とその間にハウスに入って生育を眺める。毎日行ってもそんなに変わるものではない。それはわかっているが行かずにはいられない。見ないでは眠れない。これを恋と言わずして何に例えればよいのだろうか。

初対面は三年前の夏の終わりのころだった。私は病院のベッドに横たわっていた。八十路に入ったとたんに病気の連続の病院暮らしで私は暗い日々を送っていた。そんなある日、女房が緑色のブドウを買ってきた。これがシャインマスカットとの初対面であった。私は若いころからブドウを栽培していてキャンベルアーリーは一〇年、巨峰は一五年の経験がある。いずれも露地栽培で黒ブドウである。キャンベルアーリーは「米国系」、巨峰は「欧米雑種」だ。ところがシャインマスカットはグリーン、緑色なのである。シャイン（光り輝く）とはよくぞ名付けた。緑色のブドウはいかにもエキゾチックだ。私はヨーロッパの北の方の国から輸入されたものだと思って食べた。身心共に落ち込んでいる病院の一室で食べたこの異国風のブドウはとてもおいしかった。糖度が高く酸がなく、果肉の歯切れがよく、かすかにマスカット香が漂う。ヨーロッパは、ブドウの本場だと思った。

ところが、これが国産だったのである。そしたら体内の「百姓の虫」が目をさまして、自分で栽培してみたくなったのである。とはいえ、残された時間のことなど考えると本格的に栽培する気にはなれない。しかしあきらめられない。ブドウは新植二年目から収穫可能なので数年はやれる。とうとう家の前の稲の育苗ハウスの東の端に植えた。ブドウが稲の育苗の邪魔になるようになったらブドウではなく稲を減らす。やめたい棚田がいくらもあるのだ。植える時に気がついたが苗には次のような証明のテープが巻きつけられていた。

――農研機構育成、登録品種№Ｅ２７９０４５、品種名シャインマスカット、日本果樹種苗協会――とあり、「この品種を許可なく海外に販売、輸出することは禁じられています」という注意書きがついていた。

調べてみるとシャインマスカットは日本で育成された品種で欧米雑種だった。「独立行政法人　農業・食品産業技術総合研究機構（旧・農水省果樹試験場）」の東広島市の「安芸津支場」で育成され二〇〇六年に品種登録されている。旬は八月下旬から九月上旬。ジベレリン処理で種なしになり、①高糖度・一八度以上、②さわやかなマスカット香、③大粒で歯ごたえがある、④皮ごと食べられる。よって「ブドウの女王」と呼ばれているのだそうだ。このブドウは女性なのか？　二〇一五年度の実績によると全国の栽培面積は九九二ha、トップスリーは、①山梨県、②長野県、③岡山県である。その後急速に拡大していることであろう。もちろんわが家の一本は数に入ってはいない。

わが家の一本は二〇一八年の一一月に植え翌年にU字型の二本立ての短梢仕様にしてそれぞれに四mほど伸長させ、三年目の二〇二〇年、一本の主枝に一〇房、合計で二〇房をならせている。欲を出して数を多くならせ過ぎたり、房を大きくし過ぎたりすると糖が乗らないので樹に無理はさせない。今年は初産だから一房三〇粒、一粒一五gで一房の重量が四五〇gを目指している。来年からはもう少し大きく育てるつもりだ。小面積の果物作りは楽しい。

ビニールハウス内でのブドウ作りは初めてで、フラスター、フルメットなどの植物成長調整剤、種なし化に欠かせないジベレリン処理などという言葉は耳新しくppm（一〇〇万分の一）の単位にも久しぶりに再会した。

技術指導は息子が買ってくれたタブレット端末で、このノート型のパネル一枚があれば世の中のあらゆることがすぐにわかる。便利だが、なんだか恐ろしい器具である。

ま、そんな次第で、恋い焦がれていたブドウの女王シャインマスカットが二〇房、八月下旬には初収穫ができる。もちろん自家用で、ほとんどは村内の親戚や友人たちに配ることになるが、せめて半分くらいは家に残して、低温貯蔵庫に保存して、古女房と二人向かい合って毎晩のデザートに三粒ずつぐらい食べられたらいいなあと思っているところだ。

二〇二〇年に初収穫を経験したので来年からは大胆にやる。ブドウの木一本の適量は四五房だそうだから、来年は房を少し大きくしたい。百姓はいくつになっても楽しみを自分で作り出せる。私にとっては「老い楽の恋」の成就である。

緑の宝石がテレビフルーツに

引き続きシャインマスカットの話である。世間では「緑の宝石」とか言われているそうだが、これはおそらくは生産者たちが言い出しておいて「世間ではそう言われている」と吹聴しているのだろう。世の中とはそんなものだ。

さて、私の老い楽の恋の相手がこのブドウだが、そもそも「老いらくの恋」のフレーズは昭和二三（一九四八）年に歌人の川田順という人が弟子との恋愛で家出して「墓場に近き老いらくの恋は、怖るる何ものもなし」と詠んだことが起源だそうだ。この時川田順は六八歳。「老いていく」意味の「老ゆらく」がその後「老いらく」に変化したものらしい。

私は八四歳にしてブドウに恋をし、献身的な丹精の甲斐あって見事なシャインマスカットを作り上げた。それこそ惚れぼれするような光り輝く緑の宝石が二〇房である。まだ未熟だったが、お盆のために床の間に飾った祖先の祭壇に一房を供えた。あなた方の子孫はちゃんと生きていますよという報告だ。女房がスーパーから買ってきた「巨峰」と糖度を較べてみたら、巨峰は一六度で、わが家のシャインは一五度だった。これは熟度の差で巨峰は完熟なのに一方は成熟途上のためだ。完熟では一八度になるそうですごく甘いブドウだ。

さて、その人気沸騰中の緑の宝石がわが家の屋敷畑の中の稲の育苗ハウスの中に一本あって、二〇二〇年初めて二〇房の実をつけたということである。こんな道楽みたいなことは親戚では誰もやっていないので長老の私がお盆の祭壇の供え物に配るつもりだったがそれはしなかった。山の畑に女房がスイカを一〇本植えていたら、これがまあ思いもかけずに見事なできであった。一方、世間ではスイカが不作でお盆にはスイカがなしという噂が立っていた。だから軽トラで親戚中にスイカを配って回った。そのためにブドウを配る必要がなくなった。

もちろん直売所で売るという手はあるが、もともと、ブドウは販売目的で作っているのではない。わが家にシャインマスカットがあることを知っている者も多いから、親戚の仏壇には供えないで直売所で売っていると見られる。こういうのを私たちの在所では「人間が見られる」というのだ。私も残り少ない人生だが、さりとてたかが数房のブドウで人間性を計られてはかなわない。そのような次第で、お盆が過ぎても家の前のビニールハウスの中に二〇房の「緑の宝石」が残ったわけだ。さて、これをどうするか。

要するにたかが二〇房のブドウで悩むということは、つまるところ「我欲」のためで、本音はこれを誰にもやりたくないのである。女房と二人で食後のデザートに長く楽しみたいという思いがある。女房が食べるぶんは惜しくはない。それ以外の人にやるのは惜しい。しかし、それではなんというか、なぜか胸が痛むのだ。自分だけがいい思いをしてそれでいいのか？　という声がどこからか聞こえてくるような気がするのだ。誰もそんなことは言っていないのに聞こえてくるのだ。つまり、わが内なる心の声である。悩み苦しむくらいなら、パッとみんなに分配すればいいのである。それで問題は解決する。ところがこれができないのだ。できないんだよなあ、これが。

なにしろ初収穫の「緑の宝石」である。糖度が一八度もある甘いブドウである。ジベレリン処理を二回やった種なしである。フツーに置いていて正月までは日持ちがするのだそうである。そのブドウをもらおうなどと思っている者はいない。　私が独り相撲で勝手に悩んでいるわけだ。

結局、誰にもどこにも分配しなかった。女房が東京にいる娘にサツマイモと一緒に送ったようだが、一八房が残って、これを納屋の低温貯蔵庫に保管している。ネットで検索してみると、まあ、いろいろと出ている。一・八kg詰め三房五七八〇円、六〇〇g一房三四八〇円などという値がつけられている。つまり高級品なわけだ。しかし、たかがブドウ一房に三五〇〇円も払って買うのか？　私は絶対に買わない。買わない、買えないから自分で作るのだ。これが百姓の強みである。自分が欲しいものをなんでも作れば買わなくて済む。つまり、カネではなくてモノで生きるのだ。

「景気、不景気はおカネの話、モノで暮らせば不景気はない」と松田喜一先生はおっしゃっていたが、モノで暮らすこと自体が不景気なのだという反論はあろう。反論したい奴にはやらせておけ。ま、そんな次第で、古女房と秋の夜長のテレビのお供のテレビフルーツとして食べることにした。計量してみたらブドウの一粒が一〇gあるのだ。それが三〇粒ついていて糖度は一八度のシャインマスカットが、まだ一七房残っていて、女房と毎晩、テレビのお供に食べている。

豪華客船のベッドではなく病院のベッドに

「好事魔多し」という。調子のよい時に思いがけない落とし穴があるという意味だ。「禍福は糾(あざな)える縄の如し」ともいう。幸福と不幸は撚(よ)り合わさった縄のようなもので、幸福が不幸の始まりだったり、不幸が次の幸せの前兆だったりする。だから一喜一憂することなく「人間万事塞翁(さいおう)が馬」と、すべてを肯定して生きていくしかない。これが人生だ。ま、そのような先人たちの教えなのだろうが、いやいや、つくづく、しみじみ、それが骨身に沁み入る体験をする破目になった。まずは、私の天国と地獄の話を聞いてくれ。

私たち、つまり、私と女房は二〇一五年（平成二七）二月で結婚五四周年を迎えた。女房がわが家に嫁(か)して来たのは数えの一八歳で、同級生はまだ高校に通っていた。私はつくづく思うのだが、女というのはすごい。世の中の右も左もまだわからない年齢で自分の生涯を決断するのだ。以来五四年。私はあと半年で傘寿(さんじゅ)。女房は六歳年下である。

そこで、人生という長い旅の終わりの旅に英国の豪華客船クイーン・ヴィクトリア号でヨーロッパクルーズに行くことにした。ローマから出発して、モナコ、フランス、スペイン、イギリスの港町を訪ねる一四日間の船旅だ。私としては最後の女房孝行のつもりだった。

この年だから臆面もなく書くが、女房がわが家に来た時、「この女に後悔だけは絶対にさせない」と私は自身に固く誓い、それだけを心がけて生きてきたつもりだ。女房がどう思っているかは知らない。

そもそも業種別、職業別に見た場合、農家の夫が妻に対して最もやさしいと私は確信している。それは一緒に苦労している、その姿を日々見ているからである。

「いや、そうではない」と言う人がいるかもしれない。それは個人差だ。

ま、そんな次第で女房はルンルンよ。船内で週に二回パーティがあるので、和服を持っていくとか、イブニングドレスをどうするかとか、まるで夢見る乙女だ。女房は健康にはまったく不安がない。百姓暮らしの最大の恩恵だと思うが、昔から血液検査の結果は花マルで、なんのクスリも飲んでいない。

私も健康と体力には自信がある。すこぶる快調で五年間やめていたタバコを復活させ、酒もタバコもガンガンやっている。しかし、ま、ご高齢であるから、安心のために健康診断を受けることにしたのだ。多少気になることといえば、快便でない日が最近続いていることで、そのため胃腸が専門の医院を訪ねた。

ところが、「ガーン!」だ。なんと、そこで直腸がんが見つかったのだ。肛門に指を突っ込んだ医師が「あ、やっぱりありますね」といって口をつぐみ、私を見つめて黙ってしまった。私は思いきって言ったよ。「直腸がんですか？」。相手は大きく肯いた。えーっ！　こんなことってあるのか。天国から地獄、奈落の底だ。

医師に事情を正直に話した。旅行から帰ってからの手術ではいけないのか？

「それはすすめられません」と医師は言う。「その期間を遅らせたことが結果的に取り返しのつかないことになる可能性がある」

いやいや参ったよ。家に帰って女房と寝込んでしまった。力が抜けた。

翌日、紹介状を持って総合病院へ行った。そこでいろんな検査を受けたら肺にがんが見つかった。前日の医院のレントゲンでは発見できなかったのだ。

「私の考えでは肺のがんは直腸のがんが飛んだものではなく、別のものだと思います」と言われるので、私はがっくりきて「いよいよ禁煙ですかねえ」とつぶやいたら、医師が怒ったね。烈火のごとく怒った。

「こんな肺でタバコを吸うのなら、私は治療はしません。どうぞ自由に死んでください」

いい叱責だった。この一言でなかなか捨てきれなかったタバコへの未練がふっ切れ、その瞬間から今度こそ本当にタバコと縁を切った。

肺のがんは豆粒ほどの小さなものだ。大腸のは直径五㎝と大きいが首がある、つまり、椎茸みたいな形状なので、難しい手術ではないそうだ。早期発見ではないがさりとて手遅れというほどでもないという。

命に別状はないと私は確信しているから、普段と変わらず元気だが、医者からは「相手が相手だから油断はできませんよ」とクギを刺されてはいる。

冒頭の「禍、福」に即していえば、旅行に行けなかったことは不幸であり禍である。が、そのことによって私の病気が見つかり、結果として健康寿命が伸びるとしたら、これは福である。私は福だったと思っている。

ま、そんな事情で豪華客船のバルコニー付きの窓側の部屋のふかふかのベッドではなく、病院の固いベッドに横たわる破目となった次第だ。

病気やけがは生きている証し

平成最後の年の三〇年（二〇一八年）は、自然災害の多い年であった。六月の大阪府北部地震に始まって、七月は「平成三〇年七月豪雨」、一転しての猛暑。そして、北海道胆振東部地震。上陸したり影響を与えた台風は五つ。まさに「災害大国」の面目躍如といったところか。この年の漢字は「災」だった。私たちはこういう風土で農業をやっていることをけっして忘れてはならない。

さて、この平成最後の年は私個人にとっても実に最低最悪の一年であった。八〇年を超える人生の終わり近くで、まさかこんな災厄に巡り合おうとは夢にも思わなかった。

発端は新年早々の急性肺炎だ。村の医院でのレントゲン検査の結果、救急車で市内の総合病院に運ばれることになった。ピーポピーポで運ばれるのは生まれて初めてだ。「ピーポピーポ初荷はどこのどなたやら」という川柳を思い出しながら病院へ向かったよ。狭い村の中だから、たちまち噂になっていて、かなりの連中が「あいつもこれまでか！」と思ったらしい。肺がん手術、肺気腫、高齢、そこへ寒波と急性肺炎と来れば、その先はもう見えているからだ。ところが本人はなんともないわけだから、なんのための入院かわからなかった。

普通ならこれで一年が過ぎるのである。病院などそんなに行きたいところではない。ところが私の場合そうはいかなかったのである。

忘れもしない七月一六日の早朝だ。昼間はモーレツに暑いので朝飯前に女房と山の畑のトウモロコシに防鳥ネットを張りに行った。カラスだけではなく、地下からも侵入してくるアナグマだのハクビシンといったコソ泥どもも閉め出す特注のネットを持っているので後ずさりながらトウモロコシにかけていった。毎年やっていることで、なんの問題もない。ところがこれが加齢、つまり年を取ったということだ。なんと垂れたネットに足をからめたのである。当然、倒れまいとして左右どちらかの足が半歩下がって体のバランスを保つのだが、この足が動かないのだ。だから、さながら石の地蔵さんが仰向けに倒れるようにドサッと倒れて後頭部と腰を強打して、しばらくは息がつけなかった。なんということだ。百姓が畑の中で転倒するのである。私は自分のぶざまな姿に笑ってしまった。笑っているうちに涙が出てきた。年を取るということは、こういうことなのだ。そう思ったね。

女房が運転する軽トラで帰ってきたら、もう動けなくなった。そのまま翌日まで寝ていた。やっと起き上がって整形外科の専門病院に行ったら「第二腰椎圧迫骨折」で全治三か月の診断で即入院させられた。これがケチの付き始めだ。二か月半入院したが、これは長かった。

暑いさなか二か月間ギプスをはめられて入院している間に、それまで七三kgをキープしていた体重が六七kgに減り、まさしく病人の体型になってしまった。やっと退院して三か月に一回の定期検診を受けていた総合病院に行くと、CT検査でひっかかり福岡市のPET検査に行かされ、三年前に手術していた大腸と肺のがんの再発が見つかった。もう一つ新たに頭蓋骨と脳との隙間に血がたまる「慢性硬膜下血腫」なる病気まで判明した。担当医が相談の結果、脳、大腸、肺の順序で手術することが決まった。さながら病気のデパートである。ガキのころから百姓仕事で鍛えられ、体力と生命力だけには自信を持って生きてきたのである。

なんということだ。

ただ昔と違うのは、それこそ昔は死の宣告に等しかったがんが、今ではフツーの病気になっているということだ。ましてやPET検査による超早期発見、早期治療で、何回手術をしても死の影が漂うことも「死」を意識することもない。生きるために手術をするのだ。

一〇月に脳の手術をし、いったん退院をして一一月に大腸の手術をした。手術はうまくいったのだが、傷口が炎症を起こし、これも退院後、再入院して治療に当たり体重は六三kgにまで減った。年を越すことなく帰宅できたが、一年の半分以上が病院暮らしだったような気がする。今はもう少し体力が回復するまで模様見の状態にあり、私ももう手術はしたくない。

考えてみれば、日本人の平均寿命が女八七歳、男八一歳に延び「人生百年時代」が言われる今、八〇歳などは青二才、鼻たれ小僧のレベルだろう。ところが体が言うことをきかない。「なんでこんなに病気ばかりするのかね」と医者に問えば、「長く生きるからですよ」と言う。「七五歳で死んでいれば、それ以後の病気は体験しなくて済んだのですよ」。あ、そうか。そういうことか。たしかに死者は病気しない。病気は生きている証しである。命ある限り、これとは闘っていくしかない。生きるとはそういうことのようだ。

命削って稼いだカネ

税金申告の時期になると昔は必ず「クロヨン」が問題にされた。所得の補足率のことでサラリーマンが九割、一般事業者が六割に対して農家は四割という意味がある。近年は聞かなくなった。大規模農家は青色申告、小規模農家には農業所得なしと二極化で明朗になったためだろう。事実、農水省は二〇一三年度の水田所得を一〇haから一五ha層の六三三万円に対し、〇・五ha未満では九万三〇〇〇円の赤字と発表している。米価が大幅に下落した今回は五ha層でも稲作所得ゼロで申告しているという。一方、くず米の申告もれが多いとして大規模稲作農家に税務調査が入り、数年間さかのぼってン百万円の追徴金を課されたという話を先月東北の米作地帯で聞いた。

納税は国民の当然の義務である。しかし、株主配当や家賃、地代などの不労所得と違って、農家の所得はすべて額に汗して命を削って稼いだカネである。その違いが認められないのなら農家自らが考えるべきだろう。

私の実弟のチーやんこと千年(ちとし)（六七歳）はイチゴ栽培歴四〇年超の高額所得農家である。

私は兄として「死ぬぞ！」と長年警告してきた。収穫がピークになる三月、四月になると生きた人間の顔でなくなるのだ。おととし、県の大会で夫婦で表彰され新聞に載った。その直後、本人はヘルニアで、妻は右腕のスジを痛めて長期の入院。一時期同じ病室で枕を並べていた。昨年は税務調査が入り追徴金一〇〇万円。この春は二歳になる孫を保育園へ申し込んだら、一般には月謝が七〇〇〇～八〇〇〇円のところ一〇万円と告げられて入園を断念した。竹馬の友の善ちゃんはいう。「朝星夜星で稼いで、そのカネは税務署に払うか、病院に払うか、坊主に払うかだ。そんなカネのために命を削るな！」。私は思っていてもそこまでは言えない。が、せいぜいカァちゃんと体をいたわってくれよ。

金額にできない喜び

野も山も里も実りの秋である。

二〇一五年はカキが豊作らしい。飲み仲間の九〇歳のジサマによると、昔からカキが豊作の年には大嵐（台風）が多いというのだそうだ。先日、所用のついでに佐賀平野から山間部を回ってきたが、農家の庭先や川土手のカキが鈴なりだった。カラスも食わないらしい。ぜいたくな話だ。こんなに自然が豊かな国は世界じゅうにあまりないように思う。せいぜい数か国だろうか。

実はわが家のカキも豊作だった。六年くらい前に女房が「農業祭り」で苗木二本を買ってきてミカン畑の隅に植えていた。ミカンの防除のたびに農薬散布はしていたが、去年まではカメムシにやられてほとんど落ちていた。

それが初めて実をつけた。大きなカキがびっしりなって、鳥害にも遭わず、それこそ鮮やかな〝カキ色〟に輝いているのだ。

正直、感動した。私の村は玄界灘に面して北向きで風が強く、「成り果物はできない」と言い伝えられ、歴史的に芋と麦で難儀してきた土地柄なのである。

品種名は知らない。ジャンボガキで一個二五〇g、大では四〇〇gもある渋ガキだ。女房が焼酎処理をして縁側の日だまりで熟させ、直売所に出すことにした。

「一個一〇〇円にしようか」と女房が言う。初めてのことで見当がつかない。他との比較もある。「二個で一五〇円だ」と私が提案。結局、大小組み合わせて二個入り一五〇円で出した。最初の出荷は二五袋、ジャンボガキ五〇個である。三日で完売となった。販売額三七五〇円、手数料 七五〇円、差し引き三〇〇〇円。

ま、直売所だからそんなものだが、私たちの喜びの大きさ、初めての感動、カキのおいしさ、それらもろもろの合計が金額にするとこれくらいの価値でしかないのか。そう思うと力が抜けた。

さて、ＴＰＰが大筋合意して、早くも影響の検証と対策がいろいろと報じられている。関税の撤廃と農家所得の倍増とを両立させるというのだから、きっと閻魔(えんま)様から舌を抜かれるに違いない。農家はカネさえもらえばいいのかと言えば、そうでもないのだ。

支えるのは多様な担い手

全国農業新聞（二〇一六年四月二二日号）一面の「第8回耕作放棄地発生防止・解消活動表彰」の記事を読んで驚いた。北海道から鹿児島県まで三一の組織や団体が表彰されている。地元有志たちの努力には大いに敬意を表するが、しかしこれは倒錯していないか。「表彰」すべきは、耕作放棄地が少なく解消の努力の必要がない地域の方ではないのか。

これまで耕作放棄地（農家からすれば耕作断念地）は主として「土地持ち非農家」から発生しているとされてきたが、「広大」な面積はむしろ規模拡大した農家の撤退によるものではないのか。

農水大臣賞を受賞した北海道の農業生産法人㈱神門（雄武町）は一七〇haもの耕作放棄地の再生に挑んでいるという。かつて北海道農業は農業構造改革の優等生とたたえられ、私たち都府県の小農は大いにハッパをかけられたものだが、現状は農業の構造改革の未来を暗示しているかのようだ。

谷口信和教授（東京農大）によると二〇〇五年から一〇年までの五年間に離農や自給農に移動した割合は、北海道では五〇ha以上層で一六・九％、三〇～四〇haで二六・五％、都道府県では一五ha以上層で一二・三％だという。教授は「大規模経営を作ればうまくいくというのは甘い」と指摘し「多様な担い手によって農業は支えられている」と分析している。まったく同感である。

そもそも六次産業化だの農商工連携などの推進は農業生産だけでは農業が支えられないことを意味しており、そのリスクを一手に引き受けさせられているのが冒頭の表彰団体なのだ。もしこれが経営破綻したら次の受け皿はどうなるのか。ＴＰＰ対応でそれこそが農政の真の狙いだというのなら、何をか言わんやである。

さて、コシヒカリの早場米地帯なのでわが村の田植えは五月上旬。わが家は連休の二日間で終わった。棚田六〇ａ。零細だが多様な担い手である。今や農業が農家を守っているのではなく、農家が農業を支えているのだ。今年から田仕事は息子が受け持ち、大学生となった内孫、外孫が集まってきて「さなぶり」を祝った。昔も今も大も小も田植えが終わればホッと一息だ。

どれどれ、田まわりにでも出かけてみるか。

規模よりも手取り額

ウメが鈴なりである。大豊作だ。

女房がウメ干しをやりたいというので七年前に南高梅を三〇本植えた。ウメなどは植えておけば毎年勝手に実をつけるものだとナメていたらとんでもない話で、剪定は大変だし畑が肥沃(ひよく)なためかメタボ傾向で、花は咲けども実はならず、そのうちにコスカシバが大発生して主枝までが枯れ始めた。人通りの多い道端なので、この年齢になって百姓としての無能ぶりを宣伝する展示園みたいで大いに気がめいっていたのである。

それが初めてびっしりと実をつけた。うれしい。どうだ！　という気分だ。女房はなぜか「中年(さる)のウメはよい」と言ってウメ干し作りに張り切っている。

ウメの前はミカンから転換してレモンを植えていた。多い時は二〇〇本以上あったがブームが去って青いレモンは売れず、一〇本だけ残して廃園にし、その一部をウメに改植したのである。

三〇年を超えたレモンが二〇一六年の一月の寒波で部分的に枝が枯れた。零下八度でレモンは枯死するといわれているが、幸い母体だけは残った。今レモンは直売所でよく売れ、不足の状態だが増やす気はない。レモンを含めて樹上で越年する晩柑類は低温で果肉がスカスカになり、収穫して全部捨てた。こんな体験は初めてだ。農業に気象災害はつきものだから大胆な冒険は禁物である。

ミカンはピーク時には一・五ha作っていたが現在は二枚の畑で五〇a。極早生と普通温州が半々。極早生は表年でびっしりと実をつけ、普通温州は裏年で平年の三割程度だ。昔から百姓は、作るときは楽しく売るときは腹が立つ。「作るだけならこんな楽しい人生はない」と言い残して死んでいった先輩百姓は多い。「豊作」には必ず「貧乏」がつきまとう。だが、もはや果樹、野菜では豊作貧乏はなくなったのではないか。農業衰退の結果である。

しかしこれを拡大、成長のチャンスとはフツーの百姓は考えない。一〇〇〇万円売り上げて一〇〇万円残るのは近代化農業というが、一五〇万円の売り上げで一〇〇万円残ってもそうはいわない。しかし本当に必要なのは手取り額である。そんなにたくさんはいらない。身の丈サイズの小農は楽しい。

荒れた田んぼが表すもの

コシヒカリの早場米地帯なので五月の連休前後に田植えをして、お盆過ぎから九月上旬にかけて収穫するのが私たちの米作りである。

とはいっても、「JAからつ」管内の正組合員約七〇〇〇人の平均耕作面積は田五五a、畑・果樹園三五aと合計で九〇aにしかならない。大半が棚田なので、小規模だからこそ維持できているのである。大規模ではとてもやれない。

さて、私は八〇年間村で生きてきたが、二〇一七年ほど田んぼが荒れている光景は見たことがない。私の集落ではすでに棚田の半分は耕作されておらず、いずれすべてが原野に戻るのではないかと危惧しているが、今年は平坦部の田んぼ（里田）の荒れが目立った。今年に限って除草剤が効かなかったという声もあるが、そんなレベルの話ではないような気がする。

稲穂の三割くらいのヒエが目立つ田んぼ。黄金色の穂波の中に、異物混入のように点々と立っている雑草。まるでじゅうたんを敷き詰めたようにコナギに覆われた田。田植え以後、畦の草刈りをせず、稲よりも高くなった雑草にまわりを囲まれた田。夜ばい草（キシュウスズメノヒエ）に寝取られて収穫を放棄した田んぼ。昨年廃業した二軒の田んぼは不耕作のままだ。原因は、米の地位の低下である。今や田んぼは不良債権並みの〝負動産〟と化しつつある。

わが家では二〇一七年、息子が田植えや側条施肥、除草剤散布を同時にやってしまう四条植えの田植機を購入した。たしかに効率的には違いないが、「便利は不便」で問題が山積みだ。田んぼ内の場所によって施肥の加減ができないし、四隅の補植をしようにも肥料がないから無意味。そもそも施肥を含めて稲作の作業全体を体で覚えることができない。省力は単なる手抜きである。しかし、これからの時代はこれが当たり前になっていくのであろう。

荒れた田んぼは、それを耕す人の心の荒れを表現している。これを「心田荒廃」と二宮尊徳は教え、「あらゆる荒廃はすべて心の荒廃から起こる。荒廃とは草が生い茂り、雑草が生え放題で土地が手入れされずに廃れていくことである」と戒めている。「亡国」が農村から始まっているのではないか。

なぜか悲しい彼岸花

田んぼの畦畔にもミカン畑の岸にも、セイタカアワダチソウとセンダングサが増えて困っている。二〇一七年は八月下旬の稲刈りのあと、猛烈に繁茂した。このまま放置しておくと大変なことになる。どちらの草も茎が固くなり、草刈機の刃を当てても逃げ回って切れなくなる。新しい悩みの種だ。

急速に増えてきたのは近年のことで、一〇年前までは知らない草だった。ブラジルから来た友人の奥さんがわが家の棚田で見つけて「あらいやだ。ここにもくっつき虫がいる」と言ったのがその草を知った最初だった。「小栴檀草（コセンダングサ）」という種類のようだ。とがった黒い種が衣服にべたべたくっつく。

イノシシ対策で田の畦に除草剤をまくようになってからこれらの草が急増した。草刈りのあと、電気牧柵の電線の下だけには除草剤をかけて漏電を防ぐ。そこに生える。農道も、除草剤で枯らした草の跡には必ずこれらがびっしりと生え、今や農道も田畑のまわりもセイタカアワダチソウとセンダングサの天国となっている。叩くなら花の咲く前だ。それ以後では手に負えない。

いろいろ考え悩んだ末に五〇〇ℓ入りのタンクと動力噴霧機を使い、八一歳のジジと七五歳のババとで棚田六〇a、ミカン畑五〇a、野菜畑一〇aの畦畔のすべてに一日がかりで除草剤六〇〇ℓをかけた。最初は田んぼだけのつもりだったが、ミカン畑の岸がセイタカアワダチソウに占拠されているのでそこにもかけた。グリホサート系のジェネリック剤だから安価で、総額六〇〇〇円なり。一〇〇倍液でかけた。よく効いた。特に悩みの種だった二つの草は除草剤に弱いらしく、チリチリに枯れた。「してやったり」の気分であった。

彼岸花が咲いた。きれいに草を刈った川土手や田の畦に季節の使者の彼岸花が咲く昔の田園風景は今はなく、とりわけ除草剤で枯れた草の中に咲く彼岸花はなぜか悲しい。自分の心象風景を見るかのようだ。

毎朝夫婦で歩いている元公務員の友が「彼岸花が台なしだな」と気楽に言うので、思わず「ぜいたく言うな!」と声を荒らげてしまった。

農業が生産するのは「命」

中小企業の社長さんと飲んでいて「農業の将来が心配です」と言ったら、相手は目を丸くして「あなた、ぜいたくなことを言いますね。将来の心配ができるのは現在に余裕がある証拠ですよ」と言われた。「私は今月の社員の給料をどうやって払うか、そればかり考えて生きていますよ」。あ、そうか。なーるほど。

日本の企業の九九%は中小企業で、二〇一六年の倒産件数は八四四六件、一日当たり二三件。それでも一九九〇年以来の低水準だったのだそうだ。私たちの見た目以上に厳しい世界なのだろう。

生業(なりわい)としての農業は食の自給が基本で、餓死(がし)の心配はない。が、常に将来のために汗を流す仕事だから、それこそ照って心配、降って心配、吹いて心配、何もなければないで「こんなはずはない」とまた心配。これが習い性になっているので、心配していないと不安なのだ。

農業を成長産業にと言われるが、収穫してみないといくらとれたかわからず、売ってみないといかほどのカネになるかもわからない仕事が産業になり得るのだろうか。「誰がいつどこで作っても同じものができるようにならないと、産業にはなれません」と言われたことがある。農業が名人芸や篤農技術である間は無理だという意味である。

農業がそうなれないのは、「命」を生産しているためだと私は思う。平飼い養鶏で有精卵を販売している友人によると、今や化学物質の調合で鶏卵とまったく同じ卵が製造できるのだそうだ。しかし、その卵を温めてもヒナは生まれてこない。

この根本原理がわからない人ばかりの社会になっているようだから、農業の将来が心配であり、まるで時限爆弾の上で宴会をやっているような今の世の中の行く末が不安なのだ。農業の産業化で中小企業の社長さんが農村にも続々と誕生し、農山村が元気になっていくのだろうか。私のまわりでは到底考えられない。

さて、国連は二〇一四年を「国際家族農業年」と定めて各国に小規模家族農業重視の施策を求めたが、これを来年から一〇年間延長するという。心強いエールだ。

あると安い、ないと高い

野菜の高値がまだ続いている。実はミカンも高いのだ。わが家では毎日のように集荷場へミカンを持っていく。私の畑は表年で鈴なりだったが、普通温州は二〇aなので量は知れている。それでも一個ずつタオルで拭いて選別して一kg入りの小袋に詰め、女房と二人で一五〇袋を作ると集荷場行きの時間となる。わが家から七km。近隣の出荷会員農家が入れ代わり立ち代わり、毎日八〇人ぐらいが青果物を持ち寄ってくる。ここで集めた青果をコンテナに詰めたまま、契約スーパーの三〇店舗の店内の直売コーナで売る。これが「インショップ」で、本当に助かっている。

さて、その集荷場の風景だが、野菜類は例年の半分しか集まってこない。ミカンはほぼゼロだ。つまりモノがないから高いのである。ある時には安く、高い時にはないわけだから、どっちにしてももうからないことになっている。

しかし出荷者のオバチャンたちは元気で強気だ。年末にはキャベツ一個五〇〇円、ハクサイ三八〇円、ブロッコリー三五〇円などの値札を貼りながら、「こんな高い野菜を誰が買うんだろうね。わが家ではとても買えない」と笑い合っていた。ミカンは一袋三二〇円。例年は野菜が安いのでミカンは黄金色に輝く存在なのだが、二〇一八年は高値の野菜に圧倒されて影が薄い。しょせんデザートである。

五〇年間露地野菜を専門にやってきた後輩は、「こんなことは初めてだ」と言う。そんなことはない。私も長い間やってきたが、今年のような年が過去に三回はあった。五〇年で三回だ。

ただ当時と現在との大きな違いは、現在の高騰の原因の根底に農業人口の激減という構造変化があることだ。だから、それを増やすためにこそ農業所得の向上を、という声が強い。

二宮尊徳翁の説話の中にこんな話がある。「今一番欲しいものは何か」と問うと、「カネ、カネ」と百姓たちが口々に答える。「いくら欲しいのか」と聞くと「多いほどいい」。そこで翁いわく、「よいか、お前たちが欲しいだけのカネを手にした時には、河原の石ころと同じものになっていると心得よ」。心しておきたい。

春の来ない冬はない

寒くて長い冬だった。いやあ、参った。酷寒が老骨に染み入る冬を初めて体験した。一月下旬に風邪をこじらせて肺炎になり、一〇日間入院した。子どものころから肺炎は人ごとだったから、自分でも驚いた。

雪の降らない海辺の村なのでその苦労はないが、雪の深い地方の人たちはさぞや苦労が多かったことだろう。雪によるビニールハウスの倒壊なども報じられた。しかし、春の来ない冬はない。どうか元気を出してほしい。

さて、この冬の寒さの後遺症が永年作物のそこここに出てきた。わが家には樹齢四〇年のレモンの木が七本ある。昔は一〇〇本植えていたが当時は青いレモンはさっぱり売れず、陽だまりの七本を残して伐採した。今は引っ張りだこで、直売所で確実な小銭稼ぎになっている。この冬は樹上で越年させていた小玉の二割程度が寒さで腐った。六年ぐらい前には低温で枝が枯れて全滅したこともあったから、それに比べるとまだマシだったといえる。

ビワの花咲く年の暮れ――と、毎年の暮れになると母が口癖のように言っていたビワの木が、ミカン畑の隅に二本ある。これを丹念に摘果して袋をかけ、見事に仕上げて配るのが私の楽しみの一つだったが、二〇一八年はほぼ全滅のようだ。

ミカンもダメージが大きい。今年が表年の極早生は樹勢が回復したが、昨年鈴なりした普通温州は落葉するのではないかと案じられるほど哀れな姿になっている。今年もまた品不足になりそうだ。

唯一よかったのがウメだ。女房がウメ干しをやりたいというので南高梅を三〇本植えているが、開花が大幅に遅れている。寒さのせいばかりではなく、農事暦と呼ばれる旧暦では三月九日はまだ一月二二日である。私たちは「節（季節）が若い」と言っている。満開は中旬にずれ込みそうだ。開花が一週間遅れると蜜蜂の活動が飛躍的に活発になるので豊作が期待できる。日一日と強まる春の日差しにせかされて、また村の一年がスタートする。週明けからは、葉タバコの畑への定植が始まる。

農家区分の推移

二〇一七年度の「食料・農業・農村白書」の解説を読んで、思わず笑ってしまった。

「若手農家」と「非若手農家」という新しい区分が登場したからである。私は生まれた土地で百姓として生きてきて昔も今もほとんど変わっていないと思っているが、その間、農家の分類はさまざまに変化してきた。そのことを思い出しておかしくなったのである。

現場に一番浸透しているのは「専業農家」「第一種兼業農家」「第二種兼業農家」「自給的農家」という分類である。これはわかりやすく歴史も古い。しかし、農家の暮らしの実態を捉えてはいなかった。昔、村一番の大百姓の友人の家では妹が幼稚園の先生をしていたので兼業農家。その隣の小百姓の家では、鉄工所勤めの戸主が定年で家業の農業に戻ったので第二種兼業農家から専業農家になるという矛盾があった。

次に出てきたのが「主業農家」「準主業農家」「副業的農家」という分類だった。背番号が変わっただけのようだが、高度経済成長期に一斉に勤めに出て「三ちゃん農業」という流行語を生み出した人たちが今度は一斉に定年になり、専業農家が激増した。しばらくは「専業農家」の枠内で括弧付きで「高齢専業農家」を区別していたが、その後「中核農家」「担い手農家」などを経て、「経営体」に変わった。「個別経営体」「組織経営体」だ。「その日暮らしのジジ・ババ百姓を個別経営体と呼ばれてもなあ」と思っていたら「農業生産法人」の時代になり、これを「農地所有適格法人」と呼び、同時に農業参入企業の農地所有の道が開かれた。農地の利用から所有へである。これにはのけぞった。農地は家産だ。

「統計の役割は、池に網を投げ入れてかかった魚の分類をすることだ」と聞いている。池の中にはコイもフナもメダカもいて、それぞれに生きている。それを「みんなコイになれ。それができなければブラックバスを池に投入するぞ」と脅かされているような気がする。年寄りはどう呼ばれようと平気だが、せめて「若手農家」が路頭に迷うことのないよう、心から願っている。

気象次第で悲喜こもごも

暖冬である。もともと雪の降らない地方だが、二〇一九年の冬は前年一二月初めと一月下旬に申し訳程度に小雪がちらついただけだった。日記帳を見ると「晴れ」の日が一月に二二日もあり、「小雨」が三日しかない。つまり雨らしい雨は降っていない。経験則からいって、この雨の不足分はいつか降るわけだが、それがいつになるのかが気がかりである。まったくのところ、百姓は「照って心配、降って心配、吹いて心配、何もなければないで、こんなはずはないとまた心配」の人生で、時は移り時代は変わってもこれだけは変わらないようだ。

当然、畑の野菜の生育が進んで値段が安い。キャベツ、ハクサイ、ダイコンなどをインショップへ出荷している人たちの表情が冴えない。安いのは仕方がないが、出荷した野菜が返品で戻ってくるのがつらい。

新聞やテレビなどの報道によると、この暖冬傾向で首都圏を中心に鍋物の消費が伸びず、関連の野菜類の販売が苦戦しており、ハクサイは一月中旬の平均価格が過去五年平均の半値だったという。暖冬はニワトリの食欲増進にも貢献し、さらに鶏卵が一五年ぶりの安値でM玉が一kg一〇〇円と報じられた。生産者手取りは一個数円だ。豚も似たような傾向で苦戦しているようだ。一方、ハウス農家は暖冬で暖房費が節約でき、わが女房は手足に霜焼けができなかったと喜んでいる。

わが家ではインショップにミカンを出荷するのがこの時期の主な仕事だが、今年は特にミカンがよく売れる。しかしモノがない。少ないから売れるのである。つまり、モノがある時には安く、高い時にはないわけだから、百姓はどっちに転んでも儲からない。これを逆にできればいいのだが、これがなかなか難しい。ま、そのような次第で、気象条件がほんの少し変わっただけで受ける影響は悲喜こもごもであるから、究極のところ一喜一憂する必要のない農業が理想なのである。

私はいまだ病院との縁が切れずに通院しているが、気力、体力、体調は平常に戻ってきた。

自給力で強さを発揮

二〇一九年は異常な年で三月以降六月上旬まで雨らしい雨は降らなかった。日記帳を繰ってみたらこの間に「雨」の日が四日、「曇りのち小雨」が五日である。水不足で田植えを断念した田も相当に出た。こんな経験は初めてだ。

しかし昔から言うように「日照りに不作なし」で佐賀平野の麦は空前の豊作だったようだし、わが家の農作物たちも順調に育っている。とりわけ丹精したビワが予想以上に立派にできてこれは本当にうれしかった。

ビワはつぼみが零下七度、幼果が零下三度で凍死する。だから千葉県あたりが北限で、栽培範囲は温州ミカンと重なる暖地のようだ。わが家もミカン畑の隅に自家用と道楽で一本植えている。今年は目的意識をもってこのビワの手入れをしてみた。

まず樹形をお椀(わん)型に低くした。二〇kg入りコンテナを伏せて、それを踏み台にして作業できるようにした。摘蕾(てきらい)、摘果で一房三粒に統一して早くに袋をかけた。株元に有刺鉄線、樹上に微小黒糸を張ってガードを固めた。すべてうまくいった。完璧である。

六月四日に女房と収穫した。ほれぼれするような果実がみごとに熟していた。なにしろ一粒が大きく、量ってみたら四〇g以上もあった。

まず東京に住む娘一家に送り、一〇粒で四〇〇gのパックを一〇個作った。これを翌日の老人会の定例会でのビンゴゲームの景品に出したら皆さん大喜びで、実はこれが目的だったのだ。残りは八〇〇gのパック詰めにして親戚や近所に配ることにした。親戚のどこからどこまで配るかを考えていてふと気がついた。農家の暮らしは今でも物々交換の割合がかなり高いということだ。

わが家は一六軒の農家とバーター・トレードをやっている。これはGDP（国内総生産）には表れないが、なかなかの自給力だ。農家の強さである。もとよりカネは必要不可欠だ。されど人間はカネの奴隷ではない。ヒトはマネーのみにて生きるに非ず。

8章

農の明日に
見果てぬ夢

野坂昭如さんと井上ひさしさん

これより以降、私の遺言を綴っていくことにする。そう、百姓の遺言だ。本当は遺書の方がいいのだろうが、これはすでに書いてしまった。『農から見た日本』（清流出版）である。農業蔑視の社会への悪口雑言、恨みつらみを思いっきり書いたものだ。

「この本は恥ずかしながらの自分史です。遺書のつもりで書きました」と「まえがき」に書いたところ、単行本の表紙カバーに「ある農民作家の遺書」という副題がつけられてしまった。まわりからは「若過ぎる遺書」と言われた。六八歳の時だ。

あれから一〇年以上がたっている。今度こそ本物の遺書でもいいわけだが、遺書と遺言は同じではない。遺書は死ぬことを前提として自分の気持ちを伝えること。遺言は死後の法的関係、相続などについての最終意思表示である。ゆえにこれから私が書くことは法的な拘束とは無関係な遺書的な遺言ということになる。

思い立った動機はいくつかある。まずは私が八十路を目前にして入院、手術という体験をしたことだ。初めて自分の死について考えた。これまでは考えたことはなかった。そりゃ、ま、人は生きているかぎりいつかは必ず死ぬ。死亡率一〇〇％だ。しかし、自分が死ぬということはあまり考えないのではないか。私は考えたことはなかった。子どものころから体力と健康には自信があった。今になって思うに、自信と過信は「同義」である。すなわち自信は主観、だが客観では過信となる。今回の体験でそのことを悟った。

人生を「青春」「壮春」「老春」と区分すれば、七〇歳代は人生最後の「春」である。私などは七〇の坂を鼻唄まじりで通過して、このまま快調に米寿まで行くものと考えていた。ところがどっこい、そうはいかなかった。

よくよく考えてみれば、残された時間はそうは多くないことをはっきりと自覚した。そして、死は突然にやってくる。

野坂昭如さんが亡くなったことも大きく影響した。二〇〇三年、脳梗塞で倒れて以来、社会の表舞台から消えたので若い世代には馴染みが薄いかもしれないが、私たちの年代にとっては単なる作家を超えた大スターだった。

戦災で浮浪児となり妹を餓死させた体験が名作『火垂るの墓』を生み、それらの体験から食、とりわけ米への執着が異常に強く、自分で米作りに挑戦したりして一貫して農業、農村への力強い応援者だった。

亡くなったのは昨年二〇一五年一二月九日だったが、これも不思議な話なのだ。実は月刊誌『家の光』誌上で野坂さんと「農を棄てたこの国に明日はない」というタイトルで手紙のやりとり「手紙談義」を連載中だったのである。いささか過激すぎるようなこのタイトルは野坂さんの要望だったという。スタートしたのが二〇一四年の一一月号からである。

担当編集者から野坂さんの手紙が送られてくる。返事を一六〇〇字以内で書くのだが、野坂さんが亡くなった翌朝、つまり一〇日の朝食をしながら女房が突然近くのスーパーの撤退跡地に葬祭場ができるという話を始めたのである。わが家も女房の実家も父母の葬儀は自宅葬だったが、農家から自宅葬が消えて何年くらいになるのかなど、朝から葬式の話ばかりしていたのだ。

雨だったので少し早いがコタツに入って野坂さんへの返信を書いた。昼前に書き上げて昼食に立った時、『日本農業新聞』から電話が入り、野坂さんの死についての感想を求められて仰天した。

「ああ、これで戦後は終わった」というのが私の感想だ。自身の飢餓体験をもとにして、農業の大切さを説く人はもう誰もいなくなった。遺稿、絶筆となった『家の光』二〇一六年二月号の手紙は文字通り野坂さんの迫力にみちた遺言となっている。

個人的には最初の小説集『減反神社』(家の光協会刊、一九八一年)の序文を書いていただいた。その後、雑誌の対談で東京・高井戸の自宅へお邪魔したことがある。私の印象では、世間のレッテルとはまったく逆の非常に真面目で繊細な人だった。破天荒はテレ隠しのパフォーマンスだったと今も思っている。

さて、もう一人の強力な農業の応援者が井上ひさしさんだった。私は井上文学のファンというわけではなかったが、井上さんの農業論に感動して救世主のように思っていた。が、しょせんは雲の上の人だった。ところが、井上さんの故郷の山形県川西町で地元の若者たちと年に一回「生活者大学校」という講座を開くことになり、第一回（一九八八年）の講師に私は呼ばれた。校是が「農業を通して世の中、時代を考える」だからだ。その後、教頭を命じられ、井上校長に二二年間お仕えした。井上さんが亡くなったのは二〇一〇年四月九日である。

校長亡きあとも「生活者大学校」は続いている。

「日本農業」という生産現場はない

遺言を始める。

さて何からいくか。どこから始めようか。まずはどかーんと「日本農業」からやってみるか。

私は昔から「日本農業」という言葉に強い違和感を覚えていた。それはどこの農業を指しているのかという疑問がつきまとうのだ。まさか、私の村の農業とは思えず、ではどこかほかの地域の農業のことなのか、それはどこだ？　そんな疑問を抱きながら百姓として生きてきた。そのうち講演や取材などで全国津々浦々とまではいかないが、それに近いくらいの農山村を回った。

その結果として得た私の結論は「『日本農業』という生産現場は実在しない」ということだった。つまり南北に細長い弓なりの列島でさまざまに営まれている農業のトータルとしての数字のことを「日本農業」と呼んでるわけで、特定の現場があるわけではない。これは発見だった。私はそう自負している。

「日本農業」には現場がない。だから人が見えない。山道も谷川もない。雨も降らず風も吹かず、イノシシもサルも出ない。そういう条件のもとで「日本農業」のデザインは描かれるわけだ。それを専門にやる人たちのことを農業の専門家と呼んでいる。学識経験者もこの範疇に入るが、実際に農業をやっている人たちは含まない。どんなに優れていても何十年やっても農業をやっているかぎり農業の専門家とは呼ばれない。農業従事者もしくは農業就業者である。農業をやっていない人が専門家で、やっている人たちは専門家ではないという摩訶不思議な世界なのだ。ゆえに農業従事者は「日本農業」のことなど考える必要はない。

その「日本農業」の今の姿を二〇一五年の『農林業センサス』（概数値）で見てみよう。販売農家（農地三〇a以上または農産物販売額五〇万円以上）は前回の二〇一〇年調査より三〇万四〇〇〇戸（一八・七％）減って約一三三万戸。農業就業者は約五一万人（一九・八％）減少して二〇九万人、平均年齢六六・三歳となった。

これを一九六〇年と比較すると、農家戸数は六〇五万戸の三五％、就業者は一四〇〇万人の一四・九％になる。

一つの村に例えるなら、一九六〇年に一〇〇戸あった農家が三五戸に減り一〇〇人いた農業就業者が一五人になった勘定だ。なぜ一九六〇年と比較するかといえば、この翌年の昭和三六年に「農業基本法」が制定されて農業・農村の近代化がスタートし、その年私は結婚したからだ。記念すべき年なのだ。

自分の集落、地域の実情と比較してどうだろう。私の村は、まあこんな感じだなあ。ということは、今現在農業に残っている人は相当に意欲的ということになる。この層がこれ以上減ったら、地域の農業環境の維持ができなくなり、結局この層も残れなくなる。私たちが直面しているのは、そういう問題だ。

ところが「日本農業」の側からは今もなお「意欲的な担い手」を求められ続けているのだ。これはいったいどういうことだ。その答えもセンサスに出ている。四九歳以下の農業就業者はこの五年間で七万三〇〇〇人（二二・五％）も減り、販売農家のうち同居、別居を合わせても後継者のいる割合は過半数に届かないことが判明した。かつては農家継承の本流であった親元就農した後継者が離農する。わが家もそれを経験したから内部事情はよくわかる。これはせつない話なのだ。願わくばこの正規軍が残れるような農政を期待したいのだが、この国では自由選択の結果とされる。まさに農家農業総崩れの様相である。後継者がいなければ永続性がないから「日本農業」の担い手の対象にはならないわけだ。

その一方では、担い手農家の規模拡大や集落営農、法人化、企業参入などが進んでいる。これぞまさしく、長い間構造改革派が夢見た「日本農業」の構造変化の姿というわけだ。担い手の選手交代である。もっといえば日本人、日本企業に限る必要もない。ま、そういうことになっていくのだろう。

だけど、大きくなった経営体や法人が経営破綻したらその次の受け皿はどうなるのか。ついついそこまで考えてしまう。石橋を叩いても渡らないのが百姓のＤＮＡだ。だから生き残ってきた。私は昔も今も暮らしの維持と家の永続を目的に農業をやってきた。

ところが「日本農業」はそれを許さない。強い農業、成長産業にするために暮らしを目的とする農家に退場を迫っているのだ。農家に廃業を迫る「日本農業」とはいったい何者か。誰のため、なんのためなのか。行き着く先はどこだ。ま、そのような次第で、私に言わせれば「日本農業」と「日本の農業」とは同じではない。似て非なるものである。ゆえに、「日本農業」から発想するのはやめよう。「日本農業よりわが家の農業」である。

農家は高齢化でも他業種にない強さがある

二〇一六年五月の誕生日で満八〇歳になる。

うーむ。八〇歳。正直なところ大した感慨はない。とはいえ、まったくないわけではない。そこそこの思いはあるのだ。

気分的にはきわめて明るい。よし来た八〇歳、ウエルカム八〇歳という感じなのだ。わが家では祖父と父と二代続けて六七歳で逝ったので、そのぶんまで取り戻して得をした気分だ。何よりこの年齢まで現役の百姓として生きてきたことをひそかに誇らしく思っている。別に誰かに向かって何かを誇りたいわけではないが、少しばかり肩そびやかして、どうだ、参ったか、ザマ見ろ！　と啖呵の一つも切ってやりたい気分なのだ。この気持ちわかるか？　わかるよな。百姓のプライドだ。

周知の通り日本は世界に冠たる長寿国で、最新の簡易生命表（平成二六年）では平均寿命が男八〇・五〇歳、女八六・八三歳と長寿記録を更新中だ。都道府県別では長野県が男女共に全国一になり、男八〇・八八歳、女八七・一八歳（平成二二年）。これとは別に「健康寿命」という指標がある。これは人手を借りずに日常生活が可能な状態のことだが、この健康寿命の平均年齢が男七〇歳、女七四歳で、それぞれの平均寿命と男で一〇年、女で一二年の差がある。つまり、寝たきり長寿や介護長寿が多いということだ。

ま、それはそれで人命が大切にされていることだし、安心して受けられるサービス制度があり、産業として雇用や経済にも貢献しているわけだから、結構なことなのだ。もし何かあったら家族に迷惑をかけるより施設に入りたいと考えている人は多いし、私のまわりでも現実がそうなっているね。だがしかし、そうとばかりもいえない事情がさし迫ってきているようだ。現役世代が六五歳以上の高齢者を何人で支えるかという計算では一九九〇年の五・八人が二〇一〇年には二・八人になり、二〇三五年には一・七人で一人の高齢者を支えるマンツーマンに近い社会が到来する。

私の外孫には現在女子大生が三人いるが、この娘たちが「ね、じいちゃん。大人になりたくない」「今日よりもよい明日は来ない」などと訴える気持ちがよくわかる。「そんなことじいちゃんの知ったことか！」と笑い飛ばしているが、人口動態などは早くから予測がつくことなのに、なんでこんなことになるんだろうな。

日本では六五歳以上が高齢者で、七五歳以上になると後期高齢者と区分される。それ以前、つまり七四歳までが前期高齢者だ。では八〇歳以降は何か？　私は「末期高齢者」と自称しているのだが、平成二六年に八〇歳の人の平均余命は男が八・七九年、女が一一・七一年となっている。日本人の平均寿命を大幅に超えるわけで、私も病を克服してそのグループに入りたいと思っているが、それでも残りは八年だよ。

村の中で先輩たちの背中を見ていると、相当に元気印の人でも八五歳前後で賞味期限が切れるように観察される。その坂を乗り越えた人たちは、おおむね米寿まではいくようだ。

私が住む集落では専業、兼業、自給、土地持ち非農家などという統計分類をひとくくりにして「百姓」と呼んでいるわけだが、およそ一〇〇戸のうち八五歳以上の現役百姓は二人しかいない。一人は昨年米寿だったし、もう一人は今年が米寿で私のいとこだ。この二人もそう先が長いとは思えない。次の世代は八〇歳前後に高齢百姓がひしめいている感じで、私も今年からその仲間入りだ。いつまでも元気で働けるのはありがたいことだが、さりとて米寿になっても働きたいとは思わない。私はいやだな。長男が戻ってくるので楽隠居といきたい。

さて、そこで一つの時代状況が自ずから明らかになってくる。農業従事者、就業者の高齢化の問題である。農業就業者の平均年齢の六六・三歳（平成二七年）が一〇年後に七六・三歳になり、さらにその一〇年後には八六・三歳になるというようなことは決してあり得ない。

心配することはない。

プロ野球の平均選手寿命は九年、平均引退年齢は二九歳だそうだ。大相撲も似たようなものだろう。公務員や会社員が高齢化しないのはなぜか。定年があるからだ。その定年退職後に戻ってくる人が多いのが農業だから高齢化するのは当然のことだ。これは嘆くべきことではなく喜ぶべきことだと私は思うぞ。定年後の雇用と健康増進を託せるありがたい暮らしの場であり人生の終の住処(すみか)なのだ。これを持っているということは経営規模の大小や専業・兼業に関係なく、ほかの業種にはあり得ない農家の強さなのだ。ゆめ、忘れるな。社会や子や孫たちへの貢献は、今を生きる私たち高齢者が元気でありつづけること。そして都合のつく人から先に旅立つことだ。お先にどうぞ！

「汝の伴侶を大切にすべし」の思い

二〇一六年五月の誕生日で私は満八〇歳になった。

「それがどうした?」と言われれば、どうもしない。そう言いたいところだが、これがどっこい、そうではないのだ。それゆえの近況報告なのである。みんながいずれ行く道なのだから、心して読まれよ。

一昨年の秋から昨年の秋、正確に言うと二〇一五年の一〇月から一六年の九月までの一二か月間に私はがんの手術を二回受けた。そう、一年間に二回だ。どうだ参ったか（こんなことでイキがってどうするんじゃ）。ま、つまりだ。八〇歳とはそういう境地ということなのよ。八十路坂への入場料はけっして安くはないぞ。

最初は直腸がんだった。この体験は二〇一六年の『地上』誌一月号と二月号で報告している。幸い早期発見の「ステージ2」。場所もよかったので人工肛門の必要はなく、患部の直腸を一〇㎝ほど切除して、上部のS字結腸を引きずり下ろして、つないでホチキスでガチャンと止めて終わりという手術だったそうだ。これは術後の医者の説明だ。手術は予定の半分の二時間で終わったそうだが、私はぐっすりと眠っていて何も知らなかった。大腸がんの「ステージ2」の手術五年後の生存率は八四・八％で、医師からは「まったく何の問題もない」と太鼓判を押されている。

実はこの手術が肺がんの発見につながったのである。手術前の転移の検査で右肺に豆粒ほどの小さな影が見つかり「うーん。これは……」と目をつけられていたのだ。ところが肺がんの専門の医師の見解は「これは自然消滅するケースもあるので大腸の方からどうぞ」というものだったそうだ。医者先生といっても八〇歳から見れば子や孫の世代である。逆にいうと相手からは父や祖父、仏壇のご先祖様と同じように見えるのだろうなあ。

かくして大腸がんの手術後も肺の観察が続けられた。その結果、消滅の方向ではなく、約一年間で五㎜ほど直径が拡大していることがわかった。そして私は大腸がんの医者から肺がん専門の医者にバトンタッチされた。これが総合病院の便利なところなのだろうが、なんとなく自分が商材にされているような気分もあったなあ。

肺がんの手術では考えたよ。まずは残された時間の問題がある。大腸がんの術後五年の生存率が八四・八％で、ま、仮にあと五年は生きられるとしよう。ということは肺もあと五年機能すればよい計算になる。いや、それ以上生きるにしても、肺だけが突出して健全である必要はない。死ぬ時は腸も肺も一緒だから、あえて手術しなくてもそれは可能ではないのか。女房はそう主張して手術に反対、息子と嫁は医師に従えと言い、迷っていた。県外の病院にＰＥＴ検査にも行ったが、患部が光らない。どうもがん以前という感じなのだ。

たぶん昔、少なくとも私たちの親世代までなら直腸がんも肺がんもわからず、それでも八〇歳まで生きて「長生きの人生だった」と言われたに違いない。今は医学の進歩でまだがんになっていない腫瘍まで見つけて摘出しようとする。

どちらがよいかというなら文句なしとは言わないが、今の方がよい。しかしどちらが幸せかと言えば、それはわからない。

結局、私は手術を選択した。ただ私の場合は長年の喫煙で肺気腫が重症であり、切除する肺の量が制限され、右肺の一〇％、肺全体の五％を切除した。がんは喫煙とはあまり関係ないといわれている「腺がん」だった。ステージは「一期」の「ＩＡ」というレベルで、術後五年の生存率は八〇％以上。腫瘍の直径が二㎝未満だったため術後の抗がん治療はなし。入院は前回と同じ一二日間だった。向こう二年間は二つのがん合同で三か月に一回の検査だ。すぐに息が上がることを除けば日常生活は病気以前とさほど変わりはない。

ま、そんな次第で今現在は八〇年生きてきた心身をリフレッシュして人生最後のステージに挑戦するチャレンジャーの心境なのだ。正直いって私は運がよかったと思っている。きっと長生きするぞ。

それもこれも、そもそもは女房との半月間のヨーロッパクルーズが発端だった。出発一か月前になって女房に健康診断をすすめられ、結婚以来初めて素直に従ったら直腸がんが見つかり、その転移検査で普通なら見逃すレベルの肺がんが発見された。みんなつながっているのだ。その根っこになっているのは女房への感謝だ。それがスタートだ。それがめぐりめぐって私を救った。つまり常日ごろからの女房への感謝の気持ちがなかったら、私は救われなかった。

そういう巡り合わせの理屈になる。

花には水を。妻には愛を。汝の伴侶を大切にすべし。救われるのは自分である。これが私の結論だ。

老い楽の農への舵を取る

ついに私は「老後宣言」をした。

その結果どういうことになるのかはまだ不明だが、その必要性は日々痛感してきたところだ。なぜなら自営業の私たちには元気な間は「定年」も「老後」もないからである。

二〇二〇年の五月の誕生日で八四歳になった。健康と体力には自信があったが「八十路」に入ったとたんに病気の連続で「もうこれまでか」と覚悟したこともあった。しかし百姓仕事で培った生命力と体力で復活した。またしてもすこぶる元気なのだ。そしたら農作業に明け暮れる日々もまた戻ってきたのだ。これはよくない。

振り返ってみれば私が小学校の五年生になった年、つまり西暦で一九四七年、元号では昭和二二年の春、オヤジが「総領が一人前になったから葉タバコの栽培を始める」と宣言して以来、私は八四歳の今日まで働き詰めの人生だった。合計七三年間、サラリーマンなら定年以後だけで二三年間にもなる。これはあんまりではないか。フリーランスなどとおだてるなよ、その逆のレ・ミゼラブルだ。そしてこのままではこれまでと同じ日常がこの世とおさらばするその時まで当然のごとく続くのである。冗談じゃない。こんな人生はイヤだ。私はもっと自由に楽しく残された短い時間を生きたいのだ。その実現のためのスタートが「老後宣言」なのである。

だから私は唯一の障害となり得るたった一人の同居人に対して高らかに宣言したのである。ところが女房はけげんな表情で「アンタみたいに好き勝手に生きてきた人が今さらなんば言うとね」とつぶやき「結局、何をどうしたいわけ？」。「それを考える充実した老後の時間が欲しい」

女房は「チッ」と舌打ちして「仕事の時は老人だ老後だと遠慮して、酒飲みでは現役顔負けの元気を出す。このさい酒も控えたらどう」

馬鹿野郎！　八四歳になった亭主が元気で酒が飲めるということこそ伴侶として喜ぶべきことではないのか。私はそう思うがそんなことはもちろん口が裂けても言わない。

しかし「老後」とはいったいなんだろうか。「老いの後半」ではなく「老いた後の人生」のことではないのか。八四歳では「老後」ではないのか。なら「老中」か。まさか「老前」ではあるまい。このままでは「老後」はなく本当に鍬を持ったまま畑で息絶えるかもしれない。そのような生き方、死に方を「生涯現役」と礼讃する人たちがいる。ピンピンコロリと願う人たちも多いようだ。「この世で一番楽しい立派なことは一生を貫く仕事を持つことだ」と言った日本の偉人は一万円札の肖像画に納まっているけどホントにそうかなぁ。何もすることがないという身分の体験がないので比較はできないが、たしかにいくつになっても働けるということはいいことだろう。しかし、いくつになっても働かなければならないということはいいことだろうか。それも死ぬまでというのはどうだろう。私はまっぴら御免だな。

「仕事中心の生活から離れることが老後の始まり」という。最大勢力のサラリーマンを念頭に置いた定義で、彼らが月給をもらえなくなって老後資金を使い始める平均年齢が六五・九歳だそうだ。「いくつから老後か?」という調査では「六五歳から二八・五%」「七〇歳から三二・八%」という数字もある。

ところが私たちの場合はその区切りも転換もない。現在は「農業者年金」や「経営移譲年金」などもあるようだが、制度がスタートした当初は私のまわりでも経営移譲年金を一時金で三〇〇万円ぐらいもらっていたようだが現在はどうかは知らない。話題になることもない。わが家では息子が途中で離農して他県へ転居したため私は国民年金に若干上乗せして農業者年全を受給している。わずかな額だ。

それゆえに私はいまだに仕事中心の生活から離れることができずに「老後」が来ないのだ。

私は思うところがあって農業の規模拡大を目指してこなかった。小規模複合経営でやってきた。だから拡大した面積を息子に譲れなかった。長い間申し訳なく思ってきたが、今は逆にそれゆえにこそ息子の人生を束縛、拘束しなくて済んだという思いの方が強い。「人間万事塞翁が馬」で何が幸いするかわからない。そしてそれゆえにこそわが家の農業の主体が八四歳のジサマということになって行き詰まっているわけだ。女房と相談した。あとのことは後世の者たちに任せることにした。私たちは私たちでやれることをやれるだけやって元気に生きる。原則として農作業は午前中のみとし、午後はフリータイムとする。毎日である。これはいいぞ。正直な話、カネはある（笑）、先はない、だ。だから今さら働く必要、稼ぐ理由がないのだ。農業の規模は当然縮小していく。

「老い楽の農」だ。これでやってみるぞ。今後のことはわからないが、ま、楽しくやってみるよ。

百姓は仕事を労働にしない

実は『地上』誌連載はあと一回、二〇二一年三月号をもって終了することになっている。

理由は筆者である私の「老化」である。「劣化」を付け加えていいかもしれない。つまり書き続ける意欲、気力がなくなってしまったのだ。初めがあれば終わりがあるのは世の常だから、これはもう仕方のないことである。

さて、現代は「人生一〇〇年時代」といわれ、日本人の平均寿命の伸びで見れば、私たちはオヤジやオフクロたちの世代の二倍を生きられるようになっている。事実、わが家でも祖父も父も満年齢では六六歳で逝ったが、私はすでに八五歳で一応百姓の現役である。祖父や父よりもおよそ二〇年近くも長く生きていることになる。元気なら問題はない。しかし、「ピンピンコロリ」とはなかなかにいかないもので、世の中には「生きられる」というより「死なせてもらえない」という実態もあり、単純に喜んでばかりもいられない。私も八〇歳を過ぎてからいろんな病気が出てきて、「八十路坂」のきびしさをやっと乗り越えたところだ。

先夜、女房が薬の整理をしていた。私が飲む薬を間違えないようにトレーの箱に並べている。それを見て私はギョッとした。毎日飲まなければならない薬がなんと七種類もあるのだ。昨年までは五種類だった。三年前は三種類だった。年を重ねるごとに薬の種類と量が増えていく。月に一回、薬をもらうために通っている村の医院で私が若先生に「どうもこのごろ、物忘れがひどくなってきたような気がします」と言ったのがまずかった。すぐに薬が二種類増やされて七種類になったのだ。こんなことを言ってはいけないのだろうが、医者に何か一言言うたびに処方される薬の種類がどんどん増えていくような気がする。

毎日七種類もの薬を飲んでいて、これまで気にならなかったのは朝と晩の二回に分けて飲んでいたからだった。朝食後に三錠と寝る前に四錠である。ところがそれを一度に七錠ということになってギョッとしたわけである。

そもそもなんのためにどんな薬を飲んでいるのか？　私は初めて説明書を読んでみた。これまで読んだことはなかったのだ。たとえ読んだとしても全部を理解できるわけがない。おまけに老眼鏡でも見えにくいほどに小さな文字もある。我慢して辛抱強く読んだ。

内訳は「血圧を下げる」が三種類、「心臓の働きを助け不整脈を改善する」が二種類のほか、「骨粗しょう症の改善」「血行促進」「便通・尿路結石予防」などとあり、それぞれの薬効が説明してある。これだけの薬の力を借りて生きている。それでも私は生きているのが苦痛ではないからありがたい。九六歳まで生きた親戚のバアサンは「寝てもきつし起きてもきつか。早う死ぬならよかばってん」と口癖のように言っていたが、あれは本音だったのだ。

さて、連載も終盤なので、なんとか気の利いた文句の一つ、あるいはあとに続く人たちの役に立つようなセリフの一言でも欲しいところだが、実をいうと私はそういうことが一番苦手な人間なのだ。逆に世の中の常識を茶化したり笑ったりすることに快感を覚える一種の変質者なのである。本性をむき出しにすると世の中の集団から排除、駆逐されるので、普通の人間の仮面をかぶって生きてきた。百姓の一番ありがたいことは人間関係で悩まなくて済むということだろう。上司もいなければ部下もいない。何十年やっても出世しない。相手は自然界だから嘘やごまかしが通用しない。イノシシを買収しようとしても不可能だし、まかぬ種は生えず、彼岸過ぎての麦の肥では麦は倒伏してしまう。

農作物がよくできて喜んでいると「豊作貧乏」、逆に不作で高値の時にはモノがない。豊作と不作の両方で儲からない。そんな農業で私は生涯を生きてきた。それならば、仕事そのもので楽しむしかない。得た教訓は「百姓は仕事を労働にするな、道楽とせよ」。

つまり、道楽となるような経営形態を作ることだ。私はそれで生きてきた。金持ちにはならなかったが、さりとて貧乏でもなかった。

実をいうとこのフレーズは私が若いころ大きな影響を受けた熊本県の松田喜一先生の教えの中にある。私はそう思い込んでいたのだ。あちこちで書いたり喋ったりしていたら、松田先生の著作にはそういう表現はないという指摘を受けた。著作からの引用なら私も出典を示すべきだったが、先生の講演の記憶であり、先生の著作で私の本棚にあるものの中にはその記述は見当たらなかった。ゆえにこれは松田思想の影響を受けて、百姓になった私のオリジナルということになる。つまり、言わせてもらえば山下語録の第一条であり、これがすべてだ。私も十分に高齢になったが元気なうちは道楽農業を続けるつもりだ。

命綱となる田畑のリレーは未来永劫に

いよいよ雑誌連載の最終回である。

正直な感想をいえば未練が二割、安心、安堵が八割、心底ホッとしている。この連載がスタートしたのが一九九四年（平成六）だから二〇二一年で二七年になる。「オギャ」と生まれた赤ん坊が結婚適齢期になる歳月である。私の人生でいえば五八歳から八五歳までの後半生ということになる。一回の分量が二〇〇〇字、四〇〇字詰め原稿用紙で五枚、毎回手書きしてファックスで送稿した。いわば私の百姓人生の日誌ならぬ「月誌」だ。長く書き続けるコツはかっこつけずにありのままを正直に書くことである。若いころ私が傾倒していた太宰治は「小説を書くということは人波でごった返す日本橋の橋の上で裸になって仰向けに寝るようなものだ」と何かの本に書いていた。つまり自分の身も心も丸ごと人の目にさらす行為である。その覚悟がなければ小説は書けない。読み物はともかくいわゆる「文学」とはそういうものである。あくなき人間の探究だ。

他人の自慢話を聞きたい人はいない。失敗談、人に言えない恥ずかしい話が人の心に響くのである。なぜか？　知れたこと人間はみんなくだらない生き物だからだ。劣等感に身を縮めて生きていた人たちが、自分と同じ他人の失敗に救われ、勇気づけられ、背中を押されて前へ進む。それが他では代替できない文学の持った力であり役割であろう。私はそう思う。

私が小説の真似事を始めたのは高校進学を許してもらえないことが原因だった。ならば独学で高校を卒業してやろうと通信教育で三年間自宅での夜学をした。しかし「大学入学資格検定試験」が七月の初めに行われ、そのころ村の田植えは七月一日か二日に来る「半夏生」の翌日からと決まっていた。

田植え時だがせっかく勉強したのだから試験だけでも受けたい。棚田の田植えをしながら父に告げたら、激怒して下の田んぼへ突き落とされた。泥田に顔を半分埋ずめたまま私は泣いた。こんな家にいるものかと思った。だから二回家出した。どこにも行くあてはなかったが、ともかく九州から離れたかった。

しかし二回目に福岡県小倉で大学に通っていた一年先輩の下宿に一泊したあと自分から戻ってきた。「私が逃げ出しても農業も村も家も残る」と考えた。逃げ出すのではなく、逃げなくてもすむような場所にすべきではないか。私の悩みはそこに到達した。二〇歳の春だった。

その後の一〇年間は私は全身全霊農業に没頭した。何事によらず深く入らなければ深いところは見えてこない。この一〇年間が百姓としての私の全財産だ。

たしか三三歳の時、草刈機で棚田の畔の草刈りをしていて、クワの木の古株ではね返った刈刃で足の親指を怪我して一か月余り家で養生していた。その時、たまたま新聞で見たのが佐賀県が主催する文学賞の作品募集の記事だった。やめておけばよかったが、「どれどれ、私も昔書いたことがあるぞ」と小説部門に応募したら思いがけず一席に入賞して新聞に出た。「嫁の一章」という農家の嫁の話で女房がモデルだった。

両親は大いに嘆き、百姓仲間の親友たちは「昔の病気がぶり返した」と心配した。つまり百姓に身が入らないと考えたのだ。そんなことはない。百姓も一生懸命にやった。が、唐津市の『玄海派』という同人雑誌に誘われて参加して初めて発表した『海鳴り』という小説が第一三回「日本農民文学賞」に選ばれ、その一〇年後『地上』文学賞に『減反神社』が選ばれ、この作品が直木賞候補になった。田舎の中学卒の百姓の兄ちゃんが直木賞候補になったと佐賀県では話題になった。

『地上』誌に連載小説『ひこばえの歌』が始まったのは一九八〇年（昭和五五）で私は四四歳。私たち百姓にとって農地は先祖から子孫へ手渡す預かり物だと主張した。その後ＮＨＫでドラマ化されて「ドラマ人間模様」で四回の連続ドラマで放映され、反響は大きかったようだ。

主人公の農夫也（のぶや）は遺産の均分相続を要求する叔父や弟たちを前に「田や畑は先祖からの預

かり物ぞ、子や孫に手渡さにゃならん」と力説する。

時代がどう変わろうと、農業が守られているのは今も農村の「農夫也」たちが頑張っているからである。田や畑を墓場へ持っていく人はいない。生きている間、預かって耕して、そして命をつないできた命綱である。未来永劫にリレーされなければならない。

さて、二〇二一年の五月二五日の誕生日で私は八五になる。頭は禿げず腰は曲がらず、膝も足も痛くない。耳は聞こえ、視力は右が一・二、左が一・〇、歯はインプラント、晩酌はうまい。豊かで幸せな老人だが、しかし、老いた。七五歳までは老いは感じなかったが八十路坂はけわしかった。

『地上』誌とは長い付き合いで大変お世話になった。私は『地上』で生まれ、『地上』で育った百姓の「書き手」のつもりでいる。そろそろ引退するが、心境は――老農は死なず消えゆくのみ――だ。

あとがき

これまで六〇か国ほど農業・農村を歩き「ああでもない」「こうでもない」と自問自答してきたが、日本の農業は必ずしも悲観的な面ばかりでなく他国にはない圧倒的な強みがある点を繰り返し述べることにしている。

それは生産地と消費地の距離がきわめて近く、生産者と消費者が混住、混在しているということ。つまり、マーケットがすぐ近くにあり、自産自消・地産地消・旬産旬消をベースに地域生産者と消費者が支え合うことが可能になる。本書の題名『農の明日へ』のポジティブな見方の一つとして、それぞれがそれぞれの地域で命綱となる田畑のリレーの方向を探っていただければ幸いである。

さて、本書は月刊誌『地上』（家の光協会）連載「農のダンディズム考」と『全国農業新聞』（全国農業会議所）連載「本音のホンネ」を中心にし、これに『南日本新聞』『農業協同組合新聞』執筆分を加えてまとめたものである。

執筆の場を与えてくださった各誌紙の編集者、記者の方々にこの場を借りてお礼申しあげる。また、本書をまとめてくださった編集関係のみなさん、さらに本書にも登場する多くの農の現場の方々と妻の須美子にも記して謝意を表したい。

著者

収穫したミカンの前で（著者と妻・須美子さん）

●

デザイン ——— ビレッジ・ハウス
装画 ——— 矢田勝美
写真 ——— 樫山信也
校正 ——— 吉田 仁

●**山下 惣一**（やました そういち）

1936年、佐賀県唐津市生まれ。農業に従事するかたわら、小説、エッセイ、ルポルタージュなどの文筆活動を続ける。1970年、『海鳴り』で第13回日本農民文学賞、1979年、『減反神社』で地上文学賞受賞（直木賞候補）。国内外の農の現場を精力的に歩き、食・農をめぐる問題などへの直言、箴言を放つ。アジア農民交流センター(AFEC)共同代表、小農学会顧問などを務める。2022年没。

著書に『ひこばえの歌』『農家の父より息子へ』(家の光協会)、『土と日本人』（NHK出版)、『いま、米について。』(講談社文庫)、『タマネギ畑で涙して』(農文協)、『市民皆農』『農は輝ける』(ともに共著、創森社)、『小農救国論』『身土不二の探究〈復刊〉』(創森社)など多数。

農の明日へ

2021年7月5日　第1刷発行
2023年10月25日　第2刷発行

著　　者——山下惣一
発 行 者——相場博也
発 行 所——株式会社 創森社
〒162-0805 東京都新宿区矢来町96-4
TEL 03-5228-2270　FAX 03-5228-2410
https://www.soshinsha-pub.com
振替00160-7-770406
組　　版——有限会社 天龍社
印刷製本——中央精版印刷株式会社

落丁・乱丁本はおとりかえします。定価は表紙カバーに表示してあります。
 ISBN978-4-88340-350-9 C0061